女性心理学

读懂女性，读懂世界

张子琴 —— 著

中国商业出版社

图书在版编目（CIP）数据

女性心理学：读懂女性，读懂世界 / 张子琴著. --
北京：中国商业出版社，2023.3
ISBN 978-7-5208-2234-3

Ⅰ.①女… Ⅱ.①张… Ⅲ.①女性心理学 Ⅳ.
①B844.5

中国版本图书馆CIP数据核字(2022)第169847号

责任编辑：包晓嫱

（策划编辑：佟 彤）

中国商业出版社出版发行

（www.zgsycb.com 100053 北京广安门内报国寺1号）

总编室：010-63180647 编辑室：010-83118925

发行部：010-83120835/8286

新华书店经销

香河县宏润印刷有限公司印刷

*

710毫米×1000毫米 16开 11.5印张 150千字

2023年3月第1版 2023年3月第1次印刷

定价：58.00元

＊＊＊＊

（如有印装质量问题可更换）

前言

相对而言，人们对女性心理的了解比较少，对女性心理的单独研究也徘徊在主流心理学的外围，总是从男性的角度来分析女性、解释女性的心理活动。因此，长期以来女性的心理问题并未真正受到充分的、科学的关注。

现代心理学是一套内容庞杂的理论体系，女性心理学是其中一个十分重要的分支。女性不仅是母亲、妻子、女儿、主妇，也是政治、经济的参与者，甚至是领导者。随着"她经济"（Her econumy）时代的到来，关于女性的话题逐渐深度化和多维度化，女性心理也得到了越来越多人的关注。全息研究女性心理不仅是社会的需要，更是经济的需要和家庭幸福的需要，有利于女性了解和调整自己的心理状态，在生活和工作中主动选择更适合自己的状态和模式。对于商家而言，研究性别差异、掌握女性独特的心理现象，有利于在商战中占得先机。

相较于旧时代的女性，新时代的女性有着不一样的心理特征。假如依然沿袭老旧观念看待女性，就难以理解她们的所思所为。新时代的女性更加独立、自信和勇敢，承担着家庭和社会责任，对于男性的依附性明显降低。她们有新的价值观，有不同于以往的为人处世的思路和方式。

随着大数据互联网时代的到来，产生了很多没有性别差异的就业和创业机会，"她经济"得以高速发展起来。女性在将重心越来越多地倾向于工作的同时，也承受着来自社会、家庭和生理方面的压力，患有抑郁症等心

理疾病的女性逐渐增多……种种问题或现象都在向社会发出强烈呼吁——关爱女性心理健康、注重新时代女性心理的研究已经变得刻不容缓。于是，女性心理学就成为当下人们关注越来越多的一门学科。

通常来说，女性心理学研究的方向主要包括：一是两性心理的研究差异，二是女性独特的心理现象的研究，三是女性社会心理的研究，四是积极心理学研究。本书的写作也是从这四个方面入手，选取重要且有价值的一些点进行深度剖析，如婚恋心理、女性消费心理、女性情绪管理以及压力控制等。本书研究了积极心理学，提出了一些新的观点和主张。积极心理学是近一二十年来女性心理研究的新领域和热门方向，其主要研究女性积极的心理品质，倡导积极的心理取向，关注女性的心理健康和幸福获得感。

本书不是系统性学术性的女性心理学教科书，而是属于普及性的大众通俗读物，写作的目的是浅入浅出地分析新时代的女性心理，为女性了解自我提供理论依据，为男性了解女性打开一扇窗，为企业家研究女性消费心理提供参考。通过阅读本书，相信读者一定能够对于女性心理有新的认识。

目录

第一章

单身女性心理分析

潘姐，大学毕业，外貌中上等，身高 1.65 米，41 周岁，没有结过婚。她人品很好，出去吃饭唱歌，都是她帮大家选地方，能照顾到每一个人。她人缘不错，脾气很好，朋友之间有了矛盾，都会找她调解。朋友问她："潘姐，你怎么不结婚啊？"她的回答千篇一律："没有合适的。"这恐怕是许多单身女性的共识吧。

　　单身女性越来越多是一个不争的事实，有人将单身大龄女称为剩女，意即那些"围城外"的女性。当今社会，女性不但经济独立，而且思想也独立，不依附于男人，也不依附于家庭，自己也能够生活得很好，所以选择配偶的条件很高，不会凑合。

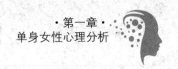

第一节　大龄未婚女性心理分析

　　大龄未婚是个笼统的说法，界定未婚很简单，但是界定大龄则没有确定的标准。这类女性要么把自己的心逐渐关闭起来，不去追求，即使有人追求，也难以迈出那一步；要么走向另一个极端，屈从于社会、父母、朋友的压力和影响，采取随大溜的做法，草率地找个对象凑合了事。

一、逃避心理

　　未婚女性对于婚姻的逃避心理，指面对婚姻问题时，感觉无可奈何，因而选择躲避这个问题的心理态度，即有意识地不去想这个问题，不去触碰这个问题，也不愿谈论这个问题。

　　究竟是什么导致了未婚女性的逃避心理呢？一是面对婚姻问题的时候，认为自己的退路很多，没有把婚姻看作自己生活或生命的全部，不结婚对自己正常的生活影响也有限。二是形成了固定的思维路径。不习惯突破现实，宁愿选择退缩。三是极端不自信。不相信自己能解决问题，认为即便想办法解决也不能成功，还不如不做。四是面对现实问题，真的没有什么好的方法。

　　逃避心理是人们遇到难题时不自觉采取的趋利避害的应激反应，本身无可厚非，但问题是人们往往会对趋利避害上瘾，一感觉不舒服马上就以逃避的态度寻求解脱。逃避心理无疑是消极心态，选择了逃避，就意味着几乎没有机会去解决困难，也失去了让自己在婚姻挫折中成长的机会。

逃避心理衍生压抑情绪。这种压抑情绪长久存在于潜意识中，如果郁结的消极情绪得不到释放，将严重影响身心健康。逃避心理常常还会衍生否定认知，使人形成错误观念。

二、防卫心理

大龄未婚女性大多有防卫心理，面对婚姻问题时，会不自觉地进入心理防御模式，以抵抗内心的不安，希望恢复心理平衡与稳定，这是大龄未婚女性面临尴尬问题时的一种自适应状态。心理防卫机制的积极意义在于能够快速减轻精神压力，恢复心理平衡；消极意义在于因压力缓解而自足，进而会出现退缩心理，甚至会因为恐惧而导致心理疾病。

在产生防卫心理的过程中，有的人会给自己找一些理由，但这样的理由仅仅是自欺欺人。把本来不合理的事情想象成合理的，自己说服自己相信这样的道理，有可能让自己走向某种极端。比方说，由对于婚姻的谨慎向极其随性的方向发展，抱着无所谓的心态看待严肃的婚姻问题。对于婚姻，过度的防卫心理还会滋生"酸葡萄心理"和"甜柠檬心理"，这些都不是积极心理。有的人还会产生透过心态，将自己的婚姻挫折归罪于他人，甚至产生攻击行为。

单身女性尤其是大龄单身女性，即便平时看起来表现得很平静，实际上常常受到双重心理折磨。一方面是受到内心深处渴望得到爱情的急迫感和久求不得的挫折感的自我折磨；另一方面受到父母亲友的催促，邻里同事的闲言碎语，造成很大的心理折磨，使她们处于内心的矛盾冲突中。

大龄未婚女性最怕别人问及婚恋之事，也会对此做出极强的心理防卫反应。对此类情况，她们要么岔开话题，要么拿话搪塞过去。周围人尤其是亲友要体谅她们的这种心理，尽量不要提及这类话题。而有一些人是独

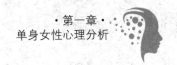

身主义者，她们对此类问题看得开，不会过敏。

如果不能自我调节，不能摆正心态，久而久之，可能会更加喜欢独自行动，追求离群索居的生活，寻求离群宁静的环境。在工作和生活中，没有多少人了解她们的心意，也不了解她们内心的矛盾和痛苦，总认为她们清高、孤芳自赏，或者超脱现实。同事、朋友、亲人要关心她们，不要给她们施加不必要的心理压力，要多多纾解她们的情绪。

不能简单地认为防卫心理就是消极心理，因为防卫心理属于正常的心理应激反应。比方说，一些女性看到周围许多人因为不幸福的婚姻而耗尽精力和人生能量，会吸取教训，为自己设定一条更合理、更幸福、更有价值的人生之路。她们自信自尊自爱自强，将精力放在事业上，经过拼搏，取得了成功，反而收获了爱情与婚姻。

三、悲观心理

大龄单身女性在婚恋上都受到过这样或那样的伤害和挫折，"一朝被蛇咬，十年怕井绳"，她们大多对于爱情婚姻充满疑虑和恐惧，容易产生悲观心理。

大龄女性对于爱情婚姻的悲观心理必须矫正，而且完全能够矫正。其矫正可以从以下几个方面做起。一是依靠"圈子"的力量提供矫正助力。多与乐观的朋友交往，自己也就有可能变得越来越乐观。二是世界那么大，多出去走走。独自闷在家里，就会胡思乱想。换个环境，换个心情，转移注意力，旅行中说不定会有新的收获。三是借积极向上的文化力量改变心态。多读正能量书籍，多看正能量影视作品，多参与正能量文化活动。四是多学一些科学和哲学知识，提高学识素养，遇到问题就会思路开阔，能够辩证思维，不钻牛角尖。五是找到正事做，有事心方健，有为则常乐。越是无所事事，就越容易陷于悲观情绪中。六是培养一样或几样兴

趣爱好，让生活变得色彩斑斓起来。

四、麻木心理

麻木心理是指人的精神感知出现问题，对外界的一切事情漠不关心，没有感觉，对任何人和事都不关注。有的大龄女性对于婚恋失去了感觉，不在意，不关注，好像这事与自己没有任何关系似的。

麻木心理其实是人的心理防卫机制产生的反应，可以短期内有效减少事件对于心理的冲击。但若长期以这种不分青红皂白统统予以否定的方式应对，不但起不到好的结果，反而会引起更大的连锁心理困扰，使心理长期处于不健康的状态，甚至会引发抑郁症等。太敏感容易受到心理伤害，但若呈现心理麻木状态，也不好。

麻木心理是真的没有任何心理感觉，而镇静则是在事情面前不心急慌乱，是自信和成熟的心理表现。

还有一种情况，即心理老化现象。心理老化之后，心理敏感度降低，会对许多曾经感兴趣的事情失去感觉，不再关注。人的生理机能随着年龄的增长会逐渐老化，功能会逐渐衰退，这是自然规律，谁都无能为力。但是人的心理机能可以永远保持年轻。心理老化会加速生理老化。

不过，需要强调一点，所谓的麻木心理是相对的。不论谁，不可能对所有事情都感兴趣，总会有不感兴趣的事情。大龄女性一旦有了麻木心理，要具体分析，然后得出正确结论。

五、逆反心理

女性在青春期的时候，由于心理发育跟不上身体发育的速度，一时间难以适应，往往会与家长之间产生冲突，别人说一，她非要说二，这是典型的青春期逆反心理。面对婚恋挫折，大龄女性会出现第二个心理逆反

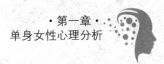

期。社会上常常会出现大龄女性因为婚恋问题与亲人之间产生严重矛盾，造成大龄女性极大的心理不安全感。

有的女性认为单身也挺好，但传统的社会价值观总是认为女性需要结婚生子。父母更是接受不了自己的女儿一直一个人生活，天天催婚。客观社会的要求与大龄女性本人的心理需求不相符，必然产生矛盾冲突，引起女性的反抗。

究其根本，导致逆反心理的根源是"三观"的冲突。大龄女性需要对此有正确的认识，采取积极的应对思路。看透这种冲突的根源，不要太在意，该解释时耐心解释，该周旋时巧妙周旋，该无视时淡然无视。

六、封闭心理

封闭心理也就是使自己的心灵与外界绝缘，这也是因为心理防卫机制产生的。遭遇婚恋挫折之后，自感无力应对，或者认为让自己的心灵封闭起来是更好的办法。于是，不再向任何人吐露心声，把心严严实实包裹起来，不让任何人知道自己的真实想法。

每个人都有自己的隐私，但封闭心理则是将所有的事都划归到了隐私的范畴，这是明显的极端心理。封闭心理必然会影响人际关系。心理封闭之后，只能以假面孔示人，只能演戏，不但自己很累，别人也感受不到真诚。人际关系受损，必然会影响到工作和生活，导致许多不必要的人生困扰。

七、自卑心理

自我评价高，则会自负；自我评价低，则会自卑。自我评价低必然会对自己不自信，畏首畏尾，遇事胆怯，没有主见，随声附和，遭遇挫折总认为是自己不好。遭遇到婚恋挫折的女性普遍会滋生自卑心理，有很强烈

的无力感，甚至轻视自己，总认为自己不如别人。

自卑心理的表现方式很复杂，有的人显得极端软弱，而有的人则表现出极端自傲。比方说，既然我无法正常恋爱结婚，那么就对所有男性表现出极端不友好的态度。

毫无疑问，自卑心理是一种心理缺陷。自卑心理必然伴随着不安、自我否认、极度内疚、害羞等情绪。自尊心太强又得不到满足的时候，就会产生自卑心理。所以说，自尊心不能太强，也就是俗话说的，人要皮实一点才好。

在自卑心理的作祟之下，就会怀疑自己的能力，自我否定，对自己没有信心，自己不认同自己，低估自己的价值。这样的大龄女性，即便遇到合适的男性，也会认为自己配不上，自愿放弃。她们看不到爱情的光华与希望，不敢憧憬婚姻的美好明天。

修正自卑心理，首先，要对自己有一个客观正确的认识，实事求是，不拔高，也不低估。不要轻信别人对你的评价，也不要过于确信自我评价，要反复思考比对，得出正确的结论。因为每个人的情况不同，价值观不同，评判标准不同，学识水平不同，得出的结论肯定也不同。其次，需要对自身的情况抱有正确的认识态度，尤其是对自己的缺陷要有正确心态。比方说，有的女性家庭负担重，文化程度低，因此产生自卑感，这就需要认清自身实际情况，调整择偶标准，摆正心态。最后，产生自卑心理的原因很多，同样是单身大龄女性，同样遭受婚恋挫折，有的人有自卑心理，而有的人则没有。产生自卑心理与经历有关，也与个性有关。抑郁型气质、性格内向者，对挫折的心理感受更强烈，常常会放大消极情绪。

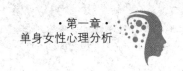

第二节 离婚女性心理特点

同样是单身女性，未婚女性与离婚女性的心理是有差异的。是否经历过婚姻对于女性的心理会产生极大的影响。这一节内容专门讲离婚女性的心理特点，归纳具有代表性的典型心理，分析其根源。

一、离婚会造成心理创伤

女人离婚后最易产生心理阴影，在心理阴影下，不管是生活、工作还是身体健康都会受到很大影响，甚至会感觉生活无望。其实，只要学会心理调适，完全可以使自己从忧虑、压抑和痛苦中解脱出来。

1. 环境脱敏法

触景可以生情，客观环境会影响到人的情绪。为了不让离婚后的消极情绪蔓延，可以采取环境脱敏法。不妨暂时离开特定环境，通过改变生活环境来排解消极情绪。可抽一段时间探亲访友，外出旅游。假如无法脱离原本的生活环境，可以转移注意力，把心思放在事业上，这也有助于缓解平息离婚后的不良情绪。

2. 认知平息法

人的行为表现受情绪影响，而情绪却可由认知平息。人的行为表现受制于对事件的认知，情绪可由认知改变修正。通过改变思考方向，可以有效化解消极情绪。例如，因前夫有外遇而离婚，也就总觉得前夫有愧于自己。假如反问自己"同一个没有了感情的人继续生活，还有什么快活的

呢？"便有可能理智地控制情绪，从而得以解脱。

3. 倾诉排解法

向值得信赖的闺密倾诉苦闷，释放情绪，排解心理压力。其关键点是如何选择倾诉对象，不可以逢人便说，那样就成了不受人欢迎的祥林嫂，不但不能排解情绪，反而会增加是是非非。倾诉对象必须是知己，愿意听你诉说，能够理解你的心情，并且不会四处传话。

4. 情感取代法

为了尽快走出离婚的心理阴影，最彻底的办法就是尽快找到合适的伴侣。有人陪伴之后，空虚的心灵被填补，就不会沉溺在过往的感情纠葛中。当然，选择需要谨慎，不可重蹈覆辙。

二、离婚，最重要的是孩子

在协议离婚过程中，需要考虑各种因素，安排好孩子的生活，这一点是毫无疑问的。总体原则是，哪种方式对孩子生活和成长最为有利，就选择哪种方式。在现实离婚案件中，各种情形都存在，有的夫妻争夺孩子的抚养权，有的夫妻则都不愿意要小孩。对于孩子问题不能感情用事，而要理性对待，既要有为人父母的责任心，也要有长远眼光。对孩子好的，双方都要接受。有的女性不考虑自身的生存能力，一心争夺抚养权，事后证明这样的选择不一定明智，对孩子、对自己可能都是一种错误的决定。

有位女士跟前夫离婚是因为婚姻存续期间发生了婚外情，丈夫为了另外一个女人跟妻子离婚。离婚时，夫妻争夺孩子的抚养权，妻子怕以后孩子不肯认自己这个妈，宁愿净身出户都要争夺孩子的抚养权。离婚后，妻子独自带着孩子，要接送孩子上下学、照顾孩子的生活起居，还要上班赚钱，她感到生活越来越吃力。因为净身出户，失去了生活基础，她生活得十分艰难，不敢买化妆品，孩子半个多月才能吃顿肉。闺密看她这么辛苦，建议让她再找一个伴侣。她听从了闺密的建议，相亲认识了一个条件还不错的男人。他也是二婚，人很实诚，对她也很体贴。最关键的是人家不嫌弃她带着儿子，还说会像对待亲儿子一样对待她，这一点难能可贵。可是，她带他回家，孩子看见他就号啕大哭，要赶人家走。无奈之下，他们只能选择分手。她感觉真的好累，收入完全无法满足正常开销，没有人帮她，没有人能给她一些精神上的鼓励和依赖。她开始怀疑自己当初的选择是对还是错。以净身出户的代价争取孩子的抚养权，要考虑实际情况，不能轻率。

孩子问题是离婚女人最深切的痛，也是最难决断的。不忍心放弃孩子的抚养权，担心人们说她狠心自私，也怕孩子受后妈的气，担心孩子长大后抱怨，甚至不认她这个妈。既然选择了离婚，或者不得不离婚，这个问题是必须要直面的。无论如何，离婚后要将对孩子的伤害尽可能降到最低。

下面是一位离婚女性的痛苦自述：

离婚的时候没要孩子真的挺后悔。女人离婚时要钱不要孩子是最愚蠢的决定，余生也过不了心里的坎。那时候，有两个想法：一方面，觉得男方比我有钱，孩子跟着男方比跟着我要好；另一方面，我不想离婚，我想着他们带不了孩子，还会回来找我复合。谁能想到，我的决定会对我女儿影响那么大。那时候，我应该带她走的。明明知道他家里人讨厌女儿，我为什么不带她走呢。

离婚的时候我才27岁，女儿才一周岁。我跟他其实没有多大矛盾，主要是跟婆婆关系不好。婆婆看不上我，觉得我干活不利索，嫌我不爱干净。前夫向着他妈，我跟他妈天天吵架，他觉得太烦了，也开始跟我吵架。后来，他就要离婚。我被逼急了，也就同意了离婚。他们不想要孩子，想给我点钱，让我把孩子带走。他们

越是想让我带走孩子，我越不想带，谁带着孩子谁也不好走下一步。我就不要孩子，我要 20 万块钱。我想着我要得多，他就不离了，或者他自己带不了孩子，就会回来找我复婚。可我没想到，我婆婆宁愿给我 20 万也要她儿子跟我离婚。他跟我离婚后马上娶了新的妻子。我女儿没人带，就扔给了我婆婆。我婆婆本来就不喜欢孙女，对我女儿非常不好。

我前夫结婚后，我也心灰意冷，想着既然他都结婚了，我干脆也结婚算了。之后，我就嫁了现在的老公，还生了两个孩子。我虽然有了新的家庭，可是女儿毕竟是我亲生的，我心里也一直放不下她。跟这个丈夫生活之后，我性格变了很多，变得比较能吃苦了，家里的条件也好了一些。人都是这样的，条件好了，就想着让自己的亲人都过好一点。我就回去找女儿，我婆婆不想让我看，她觉得我既然要钱不要孩子，就不要回来看孩子了。

我去找我前夫，前夫就把女儿带出来见我，女儿见我的时候，已经上初中了。她特别恨我，一句话也不跟我说，我给她买了东西，她都不要。她说，你既然要钱不要我，现在还回来找我干什么，你老了我也不会管你。这些话把我说哭了。这次之后，她就再也不见我了。我有时候找到学校，她也当不认识我。

我跟现在的丈夫做服装生意。有一次去进货，遇到了以前的邻居，她认出了我，跟我说，女儿跟着我婆婆过得特别不好。我前夫新娶的妻子过门就生了儿子，我婆婆只喜欢孙子，不待见孙女。我女儿从小没少挨打，每次挨打，我婆婆就骂她，"你妈都不要你，你还活着干什么"。我知道了之后，心跟刀割一样。我都不知道我女儿这些年是怎么长大的。

我现在虽然有家有孩子，但是每次晚上睡不着觉的时候就会想女儿。有时候还会做噩梦，说是有人打她，我到处找她也找不到。那种心理的煎熬，真的是太难受了。我现在攒了一些钱给她，希望她结婚的时候，能给她点陪嫁，让她到了婆家能体面一点。

我现在就不能想她，一想到她小时候吃的苦，心里就难受，就控制不住想哭。真的，女人这辈子一定不能不要自己的孩子，否则，会一辈子亏心。

有时候我会想离婚最大的弊端，就是因为两个大人的错，让无辜的孩子承担后果。如果两个人离婚的时候，都要孩子，都能在离婚后依旧爱孩子，那么孩子受的伤害就会少很多。最怕的就是大人离婚了，谁也不想要孩子。被迫要了孩子的那一方还不善待孩子，让孩子从小就生活在一个不良的家庭环境中。如果父母再婚的话，这个不被善待的孩子就成了多余的人，她甚至从小就会怀疑自己活着的意义。再加上一个不待见她的奶奶，她这一生感受的温暖就太少了。她周身都是寒凉，因为连抱她爱她的人都没有。

我觉得，不管女人多艰难，都不要放弃孩子。尤其是知道婆家不会善待孩子的时候，一定要把孩子带在身边。孩子永远不该是你的筹码，她是你最亲的孩子。当然，女人离婚要孩子的话，一定要多为自己争取应得的利益。很多女人放弃孩子，不是不爱孩子，而是觉得自己养不起，孩子会跟着自己吃苦受罪。其实，孩子小时候对经济是没有很大要求的，他们更需要母亲的陪伴和爱。如果你离婚时想要孩子的话，就尽可能多为孩子争取利益。

很多时候，我们会进入一个误区，认为孩子跟着有钱的那一方才是最好的。其实，事实从来不是这样的，金钱是买不到亲情和爱的。我们给孩子最好的爱，从来不是给他（她）多少钱，而是从小让他（她）不缺失爱。只要他（她）不缺失爱，就能坚强而温暖地

面对这个世界。至于孩子的将来，还是要靠他（她）自己打拼的。父母给予他（她）再多的物质，他（她）自己没本事也是无济于事的。何况，我们为人父母，只要孩子平安喜乐就是最大的幸福。

三、离婚女性，除了孩子，也要看重钱财

离婚后的女性必须独自面对生活，必须要有赖以生存的物质基础。

靠树树倒，靠人人跑。只有靠自己，才能抓住属于自己的幸福。江琦是一个很天真的人，觉得没钱没什么，只要有心就行。和丈夫一起吃苦创业，熬过了最艰难的几年，她觉得幸福感满满。后来，日子好过了一些，她便做起了全职太太。怎么也没有想到，丈夫竟背叛了她，那一刻她慌了。她没有工作，早已与社会脱轨，若离婚了，拿什么养活自己和孩子呢？离婚时，她才发现丈夫早已败光了积蓄，甚至还欠了债，她什么财产也没有分到。离婚后，生活很苦，一切都要从头开始。江琦开始努力赚钱，有了钱生活才有保障，才能给孩子好一点的生活。江琦真切地感受到，对于离婚的女人而言，只有有钱才能得到幸福，才能避开生活中的风风雨雨。

四、离婚女性对再婚的顾虑与期待

再婚不比初婚，半路夫妻不同于结发夫妻，再婚要面临各种挑战，需要承受比初婚更多的心理压力。有过一段失败的婚姻，内心就会有非常多的顾虑。当然，顾虑也是期待，有所顾虑才会有所期待。

1.情感顾虑

离婚女人再婚，对于感情方面来说是有所顾虑的，因为女人的心思本身就比男人细腻，因此她不会随便找一个人再婚，她会将身边这个男人与前夫作比较，担心这个男人没有前夫好。

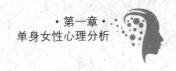

2. 心理顾虑

大部分离了婚的女人心态都会受到影响，如果不及时地调整好心态，会觉得再婚越来越渺茫。

3. 家庭顾虑

部分离婚的女人是带着孩子的，因此她会顾虑再婚之后孩子会不会受到影响，现任会不会对自己的孩子好。有些想再婚的人，都会因为考虑到孩子而不敢再婚。

4. 磨合顾虑

大部分离婚的女人不想再婚是因为害怕重新与人接触，觉得又要从头开始了解一个人，特别麻烦，磨合不是一件容易的事情，万一磨合不好，受伤害的还是自己。

5. 经济顾虑

有些女人离婚后不仅没有分割到财产，还带着一个孩子，一个人过的话又觉得很累，如果再婚的话，又害怕因孩子的抚养费用和丈夫发生矛盾。

6. 体形顾虑

生过孩子后有的女人身材恢复得慢，甚至有的没办法恢复，这会使她们变得很自卑，害怕再婚之后丈夫会嫌弃自己。

7. 孩子顾虑

一些带着孩子的单亲妈妈，即使再婚，也会先为孩子着想，害怕一个新的环境会让孩子变得内向，会影响孩子心理的成长。

8. 性欲顾虑

离婚的女人心灰意冷，会因为很长时间的消沉而使性欲降低，严重的还会害怕与人亲密接触，如果再婚的话，会害怕影响到另一半的需求，导致再婚的丈夫出轨。

第三节 单亲妈妈心理特征

当今社会，单亲妈妈绝对不是少数。居高不下的离婚率，导致出现许多单亲家庭。对于许多离婚女性而言，独自带着孩子生活很不容易，一方面是因为离开了朝夕相处甚至依赖了很久的前夫，面对生活中诸多琐碎的事以及孩子教育等问题，会觉得力不从心；另一方面是因为现在缺少经济来源，自然缺少安全感。

单亲妈妈既然得到了孩子的抚养权，有机会陪伴孩子长大，那就要想方设法给孩子安全感，不让孩子因为单亲家庭而出现负面心理，影响健康成长。要想给孩子安全感，前提是自己要有安全感。生活不易，单亲妈妈心理压力很大。

一、缺乏安全感

独自带着孩子生活的女性有心理问题实属正常。虽然不是所有人都存在心理问题，但许多人都存在没有安全感的问题。单亲妈妈独自拼搏，要面对如今巨大的生存竞争。从这个角度来讲，单亲妈妈没有安全感并非大问题，应该以平常心看待。

单亲妈妈如何获得安全感？

1. 强大自己，要努力提升自己的生存实力

既然没有男人给你安全感，那么就只能自己给自己安全感了。其实，不安全感产生的根源主要是生活压力大，这就要提升自己赚钱的能力。不

但要有吃苦精神，同时还要懂得苦干不如巧干的道理，要明白社会竞争和生存策略的重要性。要不断学习，打造自己的职场核心竞争力，抓住机会挖一口属于自己的井。钱不能带来所有的安全感，但能解决大部分的难题，能消解大部分的不安全感。

势利眼以及落井下石者大有人在，当你生活艰难的时候，真正实心诚意愿意帮你的人不多。遇到生活难题的时候，只有自己想办法解决。当你的日子过得有模有样的时候，冷嘲热讽的人也不见了。只有努力提升自己的实力，让生活过得越来越好，安全感才能回来。

2. 修炼逆商，让自己的内心变得强大起来

物质是安全感的重要因素，但绝对不是全部。安全感其实就是一种心理感受，会受到心理因素的影响。心态好的人安全感强，心态不好的人会缺乏安全感。要学会自己给自己掌声，要学会左手温暖右手，自己给自己鼓劲打气。调整心态，让自己变得自信。只有想得通、看得开，思想开通、心胸豁达、知足常乐才有安全感。

3. 自助者天助，培养自立精神

对于单亲妈妈而言，无所依赖，只能靠自己。遇到事情的时候，若有人帮助当然很好，但不要事事、时时有求人的意识，要自己想办法解决。事实证明，任何人都靠不住，没有谁能够长期让你依赖。依赖心理只会使自己感觉到更加无助。摆脱依赖心理，反而能够让自己更坦然。

4. 对再婚抱持积极心态，尽快找个有责任感的男人再婚

自己重新有了安全感，也要帮助孩子重新找到来自完整家庭的温暖。称职的后爸难找，但并非不可能。只要有信心，总是能够找到的。

二、强烈的自尊心和自我保护意识

单亲妈妈有强烈的自尊心和自我保护意识，因为她的肩头上背负的

不仅仅是自己，还有孩子，责任更重。她们不但惧怕自己受到伤害，更怕孩子受到伤害。戒备心理重，自我保护意识强烈，这是单亲妈妈的典型心理。平时在工作生活中，看似乐观开朗，内心其实是异常孤独和封闭的。凡事总是会忍让、退缩，很少有人能够真正走进她的内心。

三、单亲妈妈的心理误区

人生最大的束缚来自观念，最大的局限在于性格。生活怎样，不仅在于我们遭遇了什么，还在于我们如何看待自己的遭遇，我们的自我认知会直接影响到我们如何对待自己和自己的处境。我们头脑中的观念充满了陷阱。专家特地总结了单亲妈妈的这些心理误区。

1. 孩子好可怜

顾影自怜不好，而把孩子置于"可怜"的状态去看待，更加不好。一方面，认为孩子不能生活在一个和睦、温馨的三口之家是自己的责任，以赎罪或补偿的心态来满足孩子精神上和物质上的要求，结果很有可能促使孩子形成孤僻、自傲、任性、自私等性格特点，结果走上"娇宠出败儿"的误人误己道路。另一方面，这种想法是对孩子的消极暗示，很容易使孩子也认为自己是不正常的。本来单亲没什么，但在意识深处总觉得是一种缺憾，就自己给自己下了"绊马索"，不跌倒才怪。

2. 别人帮助我只是在可怜我

这种想法过于敏感了，自尊心过强以至于到了自卑的程度。其实大可不必，只要做到能自己解决的事情不要向别人求助，得到帮助时懂得感恩并量力回报即可。

3. 我的命不好

命由天生，运由己造。同样一种遭遇，有的人叫苦不迭，有的人觉得没什么，继续前行。同样一种打击，有的人一蹶不振，从此消沉；有的人痛定思痛，东山再起。最终决定人命运的是自己的性格和选择。苦命意识比苦命本身更可怕。祥林嫂的悲剧不仅在于她坎坷的遭遇，更在于她性格的软弱和顾影自怜。

4.孩子是我的唯一，没有孩子我活着没意义

很多人都会这样想，但这不足以证明这种想法是合理的。这种想法极容易导致对孩子的过分保护和依赖，以及对孩子期望过高。这也是自己给自己"下套儿"，期望越高，束缚越大。有的妈妈为了孩子放弃自己重新选择的机会，认为还结婚做什么呀，只要孩子好就行了。这种牺牲一方面会给孩子带来极大的心理负担，另一方面忽略了孩子对妈妈的体谅和支持，也是不对的，应该抱持这样的心态："他的整个成长的过程中，我从来都不会因他而放弃自我，再深厚的感情，也不能使我允许我们之间彼此依赖着存活。"

5.一切都是他的错

如果认为都是他的错，那你就犯了一个更大的错，即"看错了人"。再者，夫妻之间的关系是相互的，一方犯错，另一方也必有责任。以责人之心责己，以恕己之心恕人，就会消除很多的怨气。怨愤的情绪实际上是使自己受伤害最严重的，假如和孩子生活在一起，那么孩子受伤害更甚，因为他正处在一个成长期，你传递了一种可怕的价值观。有的单亲妈妈将孩子视为自己的私有财产，对孩子与父亲的感情加以限制，天天向孩子灌输怨恨，以阻止孩子与父亲见面来报复对方。在这个过程中，受伤害最大的是孩子尚未成熟的心灵。

6.别人会瞧不起我

如果一个人自己都瞧不起自己，别人怎么会瞧得起她？

7.我真对不起孩子

许多单亲妈妈因为不能给孩子一个完整的家庭而深深负疚，她们总感到对不起孩子，总觉得对孩子还不够好，结果补偿导致娇纵，孩子的个性变

得任性、自私、狭隘、暴戾。其实，这种负疚心理是没有必要的。因为我们不是为了伤害孩子才离婚的，恰恰相反，离婚是为了让孩子的生活脱离纷争和痛苦。婚姻的失败，并不是我们能够避免的，了解一个人不是一件容易的事情，不仅需要时间，还需要足够的成熟。说到底，婚姻也是一次"赌博"，谁也没有绝对的把握。这样的结果是我们命运的一部分，也是孩子命运的一部分。不要为打翻的牛奶哭泣，对于既定的现实，我们要坦然而乐观地面对它，而不是怨天尤人。那个"莫须有"的"负疚"是我们的包袱。

8. 一切都是我的错

离婚这种事情从来都不是一个人的错，有时候甚至可以说，并没有什么错。每个人之所以犯错误，是因为当时的智慧和能力不足够。如果能够判断，又能做到，谁还会犯错呢？总以为什么都是自己的错，不仅于事无补，还会给自己增添负担。

9. 男人都不是好东西

做人不可这样走极端。"好人"身上也有不好的地方，"坏人"身上也有好的地方。这种不宽容的偏激看法，不仅会陷自己于"怨愤"的沼泽之中，还会向孩子传递一种危险的价值观，使孩子无法建立对异性的信任，影响到孩子将来正常的婚恋。

10. 孩子是我的累赘，没有孩子我可以活得更好

首先这是一种自私且不负责任的表现。孩子的存在或许会对再婚造成一些困难，但是假如连这点困难都不能克服，那么你们的感情基础也坚固不到哪里去。婚姻是需要彼此负责和体谅的，缺乏必要的责任感，是无法建立健康的婚姻关系的。假如父母双方都这样想，相互推卸责任，谁也不管子女，孩子的成长就该让人担心了。这种情况下，孩子成绩下降甚至因此自暴自弃的概率是非常高的。

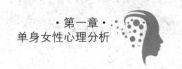

第四节 "三高"女性心理危机与突围

"三高"女性指拥有高学历、高收入、高年龄的职业女性。她们活跃在各行各业，数量越来越庞大。据心理专家调查发现，越来越多的现代职场"三高"女性，已经开始出现不同程度的心理健康危机，其中最为典型的是"工作依赖症"、"强迫症"和"情感隔离"。

一、工作依赖症

工作依赖症，即由于长期工作压力大、精神紧张，造成一离开工作环境便觉得不适应的状况。工作成为生活中唯一的中心，每天只要电话铃一响，身体会立刻产生本能反应，抢着最先拎起话筒，在家里也毫不例外；一看同事们工作出色，自己心里就暗暗着急想尽快赶上；即使遇上休息日也是在家整理客户资料，和朋友出去玩时也心不在焉。这都属于典型的"工作依赖症"。通常只有在工作的时候才会觉得自己很充实，有存在的价值。

依赖工作的人只有在工作的时候才会觉得自己很充实，她需要靠别人对自己工作的评价来肯定自己，并且会逐步将此转变成衡量自我价值的唯一标准。归根结底，这是对周围环境缺乏安全感和不自信的表现。患上工作依赖症的人往往容易产生一种错觉，认为只有自己的工作得到肯定才有存在的价值。

1.原因分析

竞争激烈的就业环境常常带给职场人诸多无形压力，不少白领也都患

上了"工作依赖症"。

她们理想中的自己，是工作表现特别出色的职业女性形象。

2. 主要表现

"工作依赖症"的主要症状表现为失眠多梦、疲劳抑郁、无法停下手头工作等。"工作依赖症"的另一个具体表现就是很容易感到疲劳，会直接通过身体反映出来。

3. 检查方法

"工作依赖症"自检清单（三个以上，要注意）：

·看到那些家庭主妇，觉得她们只待在家庭里，很可怜。

·电话铃一响，身体会立刻产生本能反应，抢着最先拎起话筒。

·开节奏缓慢的会议，会十分焦躁。

·看其他同事，觉得他们的工作都完成得很好。

·同事或是自己下属犯了错，觉得就是自己犯了错。

"工作依赖症"是职场中压力大、精神过度紧张而导致的病症，只要能够正视它，通过一些方式去调整自己的生活是可避免和缓解的。可以利用其他一些活动来分散或改变依赖工作的心理状况。如闲暇时间参加一些联谊活动，定期和好友小聚谈天，读读书、看看报，尽量将生活的重心从工作上转移开。可多参加一些有益身心的活动，如散步、郊游、健身等。如果对手机依赖过于严重，就要去看心理医生，以免影响正常的生活和工作。

二、强迫症

强迫症（OCD）属于焦虑障碍的一种类型，是一组以强迫思维和强迫行为为主要临床表现的神经精神疾病，其特点为有意识的强迫和反强迫并存，一些毫无意义，甚至违背自己意愿的想法或冲动反反复复侵入患者的

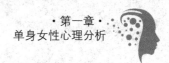

日常生活。患者虽体验到这些想法或冲动是来源自身，但尽管极力抵抗，也无法控制，二者强烈的冲突使其感到巨大的焦虑和痛苦，影响学习工作、人际交往甚至生活起居。

近年来统计数据提示强迫症的发病率正在不断攀升，世界卫生组织（WHO）所做的全球疾病调查发现，强迫症已成为 15 ~ 44 岁中青年人群中造成疾病负担最重的 20 种疾病之一。

1. 病因

强迫症的病因复杂，尚无定论，目前认为主要与心理社会、个性、遗传及神经内分泌等因素有关。

许多研究表明，患者在首次发病时常遭受过一些不良生活事件，如人际关系紧张、婚姻遇到考验、学习工作受挫，等等。强迫症患者个性中或多或少存在追求完美、对自己和他人高标准严要求的倾向，有一部分患者病前有强迫型人格，表现为过分地谨小慎微、责任感过强、希望凡事都能尽善尽美，因而在处理不良生活事件时缺乏弹性，表现得难以适应。患者内心所经历的矛盾、焦虑只能通过强迫性的症状表达出来。

另外，近年来大量研究发现强迫症的发病可能存在一定的遗传倾向，在神经内分泌方面也存在功能紊乱。

2. 临床表现

强迫症的症状主要可归纳为强迫思维和强迫行为。强迫思维又可以分为强迫观念、强迫情绪及强迫意向。内容多种多样，如反复怀疑门窗是否关紧，碰到脏的东西会不会得病，太阳为什么从东边升起西边落下，站在阳台上就有往下跳的冲动等。强迫行为往往是为了减轻强迫思维产生的焦虑而不得不采取的行动，患者明知是不合理的，但控制不住地要去做，比如患者有怀疑门窗是否关紧的想法，相应地就会去反复检查门窗确保安全；碰到脏东西怕得病的患者就会反复洗手以保持

干净。一些病程迁延的患者由于经常重复某些动作，久而久之形成了某种程序，比如洗手时一定要从指尖开始洗，连续不断洗到手腕，如果顺序反了或是中间被打断了就要重新开始洗，为此常耗费大量时间，痛苦不堪。

强迫症状具有以下特点：

·患者自己的思维或冲动，而不是外界强加的。

·必须至少有一种思想或动作仍在被患者徒劳地加以抵制，即使患者已不再对其他症状加以抵制。

·实施动作的想法本身会令患者感到不快（单纯为缓解紧张或焦虑不视为真正意义上的愉快），但如果不实施就会产生极大的焦虑。

·想法或冲动总是令人不快地反复出现。

3. 鉴别诊断

首先需要鉴别正常的重复行为，以免草木皆兵、诊断扩大化。几乎每个人都会有些重复行为或有既定顺序的动作，比如离开家前会反复拉两三次门以确保门关上了；刷牙总是会按照先用左手拿杯子装水，再用右手取牙刷，接着用左手挤牙膏的顺序进行。一般这种习惯行为是为了提高效率，并不让人感到痛苦，也不影响正常生活。而明确有强迫症状的患者则需要与以下疾病相鉴别：

·精神分裂症

该病患者也可产生强迫症状，但往往不以强迫为苦恼，更不会主动寻求治疗，强迫思维的内容多怪诞离奇且有幻觉妄想等精神病性症状，一般容易鉴别，但严重的强迫症病人有时也可伴有短暂的精神病性症状，应注意辨别。

·抑郁症

该病患者可出现强迫症状，而强迫症患者也可产生抑郁情绪，鉴别主

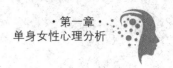

要是识别哪些是原发性的症状，以及哪些出现在先。

·焦虑症

两者都可有焦虑表现，强迫症的焦虑多因强迫思维的反复出现或强迫行为无法实施而出现，相比之下，焦虑症的焦虑可以是无缘无故、缺乏特定对象的。

4. 治疗

虽然强迫症的病因至今未阐明，但依据现有的研究我们不难发现，其发病不仅与人的个性心理因素有关，同时也与脑内神经递质分泌失衡有着莫大的联系。因而无论是心理治疗还是药物治疗，对缓解患者病情都起着举足轻重的作用。

·心理治疗

强迫症作为一种心理疾病，其发生机制非常复杂，具有相似症状的患者其心理机制可能千差万别。在心理治疗中，治疗师通过和患者建立良好的医患关系，倾听患者，帮助其发现并分析内心的矛盾冲突，推动患者解决问题，提高其适应环境的能力，重塑健全人格。

临床上常用的方法包括精神动力学治疗、认知行为治疗、支持性心理治疗及森田疗法等。其中，认知行为治疗被认为是治疗强迫症最有效的心理治疗方法，主要包括思维阻断法及暴露反应预防。思维阻断法是在患者反复出现强迫思维时通过转移注意力或施加外部控制，比如利用设置闹钟铃声来阻断强迫思维，必要时配合放松训练缓解焦虑。暴露反应预防是在治疗师的指导下，鼓励患者逐步面对可引起强迫思维的各个情境而不产生强迫行为，比如患者很怕脏必须反复洗手以确保自己不会得病，在暴露反应预防中他就需要在几次治疗中逐步接触自己的汗水、鞋底、公共厕所的门把手及马桶坐垫而不洗手，因患者所担心的事情实际上并不会发生，强迫症状伴随的焦虑将在多次治疗后缓解直至消退，从而达到控制强迫症状

的作用。

5. 预防

强迫症的发病与社会心理、个性、遗传及神经内分泌等因素有关，其中前两项是可以干预，防患于未然的。作为家长，应当为孩子构建一个稳定、安全、和谐的生活环境，不应苛求，生活处事可以更具弹性，注重相互间的沟通，促进其构建健全的人格。

6. 强迫症自我筛查

·你是否有愚蠢的、肮脏的或可怕的不必要的念头、想法或冲动？

·你是否有过度怕脏、怕细菌或怕化学物质？

·你是否总是担忧忘记某些重要的事情，如因房门没有锁、阀门没有关而出事？

·你是否担忧自己会做出或说出并非自己本意的攻击性行为或攻击性言语？

·你是否总是担忧自己会丢失重要的东西？

·你是否会为了获得轻松，而重复做某些事情或反复思考某些想法？

·你是否会过度洗澡或过度洗东西？

·你是否做一件事必须重复检查多次方才放心？

·你是否为了担忧攻击性语言或行为伤害别人而回避某些场合或个人？

·你是否保留了许多你认为不能扔掉但又没有用的东西？

如果上述症状中有一条或一条以上症状持续存在，并困扰了你的生活，使你感到痛苦，请咨询专业医生。

三、"三高"女性的"大女子主义"

随着女性地位的提高和社会宽容度的增加，越来越多的女性不再急于

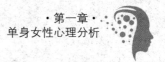

进入婚姻的围城。这一现象说明，一部分女性的经济实现了独立，改变了过去"嫁汉嫁汉，穿衣吃饭"的传统观念；同时，她们由于受到了较高的教育，也更加易于接受新思想，选择新型的生活方式。

"三高"女性要特别提防"大女子主义"。不能因为自己学历高、收入高、工作出色就骄傲、自负、张狂，无论个人条件如何，在两性相处上都要遵循平等的原则，不能处处以自我为中心。

事实上，"大女子主义"也的确导致了一些女性难以步入婚姻的殿堂。这些女性由于自身条件较好，和异性相处的时候，总是时刻保持强势，有时甚至表现得自私狭隘，吓跑了追求者，结婚也就变得可望而不可即。

第二章

女性的审美心理

男女审美差异的特征与形成是被广泛关注的问题。美国与西班牙科学家研究发现，女性在观看美丽事物时，整个脑部都很活跃，而男性只有右脑活跃。这可能是因为女性做判断时既注意事物的整体特征，又注意局部特征，而男性往往只注意整体特征。男女审美时脑部活动差异可能与他们在人类进化过程中担当的社会角色有关。女性评判看到的某一事物时，倾向于找出适当的词语描述它，而男性的脑海中往往浮现的就是这一事物的具体形象。这也就可以解释女性为何在语言掌握方面强于男性。

第一节　审美概述

审美是人类理解世界的一种特殊形式，指人与世界（社会和自然）形成一种无功利的、形象的和情感的关系状态。审美是在理智与情感、主观与客观方面认识、理解、感知和评判世界的一种存在。审美有"审"有"美"，在这个词组中，"审"作为一个动词，它表示一定有人在"审"，有主体介入；同时，也一定有可供人审的"美"，即审美客体或对象。审美现象是以人与世界的审美关系为基础的，是审美关系中的现象。

一、美的本质及其特征

什么是美？美是能够使人们感到愉悦的一部分事物，它包括客观存在和主观存在。

美是事物促进和谐发展的客观属性与功能激发出来的主观感受，是这种客观实际与主观感受的具体统一。事物具有促进和谐发展的属性与功能是自然美，加工事物使它形成促进和谐发展的属性与功能是创造美，促进和谐发展的思想与情感是心灵美，创造和谐发展的行为与实践是行为美，追求和谐发展的精神是内在美，有利于和谐发展的仪表是外在美。要努力开发自然美、积极创造美、弘扬心灵美、实践行为美、培养内在美、修饰外在美。

二、美感体验

体验，是一种生命活动的过程，体现为人的主动、自觉的能动意识。在体验的过程中，主客体融为一体，人的外在现实主体化，人的内在精神客体化。在人类的多种体验当中，审美体验最能够充分展示人自身自由自觉的意识，以及对于理想境界的追寻，因而可以称之为最高的体验。人在这种体验中获得的不仅是生命的高扬、生活的充实，还有对于自身价值的肯定，以及对于客体世界的认知和把握。因而，我们不仅要把审美体验视为人的一种基本的生命活动，还要将其视作一种意识活动。

审美体验就是形象的直觉。所谓直觉是指直接的感受，不是间接的、抽象的和概念的思维。所谓形象是指审美对象在审美主体大脑中所呈现出来的形象，它是审美对象本身的形状和现象，也会受到审美主体的性格和情趣的影响而发生变化。这就譬如同样是一朵花，在植物学家的眼中，看到的是它属于哪个花科；在动物学家的眼中，看到的是它花蕊中的寄生虫；在哲学家的眼中，看到的是它带给人们愉悦的社会功能；而在环保主义者的眼中，却只会看到没有了花朵的光秃秃的植株。这种因所从事的职业的不同而产生的直觉的不同，是审美体验受审美主体的性格和情趣的影响而发生变化的最佳证据。所以说，审美体验的直觉不是一种盲从，而是一种扎根于审美主体的自身文化、学识、教养的高级"直觉"。

审美者与审美对象之间要保持一定的心理距离才能产生美感体验。所谓心理距离是指审美者撇开功利的、实用的、生物性的概念，用一种超脱的、纯精神的心理状态来观照对象，不要关注和思考与审美对象的美学价值无关的事情，例如对象的科学性质或经济价值等，也不要抱有功利的和实用的想法，以及把主客体之间的种种其他现实的关系在心理上拉开距离。要防止或削弱这些方面的活动进入审美意识。朱光潜先生曾举了一个雾海行船的例子来说明心理距离。在朦胧的雾气中，听到邻船的警钟、水手们手忙脚乱的走动以及船上乘客的喧嚷，人时时在为自己的安全担忧和恐惧，这种情况下无法产生和谐美妙的审美体验。但是，站在海岸上的人，观看雾景所产生的心情则和那些身处雾中的船工、游客的心情截然不同。在前一种体验中，海雾是实用世界中的一个片段，它和人的知觉、情感、希望以及一切实际生活需要联系在一起，用它实在的威胁性紧紧地压迫着人们，也就是说关系太密切，距离太接近，所以没有办法泰然处之地去欣赏。而后一种体验，则是使海雾与实际生活之间保持了一种"距离"，使人们不被忧患恐惧的念头困扰，而以审美的心境欣赏它。

审美体验是一种心理过程，即移情。审美体验总是从内部引起的，先在身体上面发生一定的反应，这种从内部产生的感觉会引发一种情感，这种情感形式会产生相应的美感。移情就是设身处地地体会审美对象的心情，将审美主体自己的情感投射到有生机的结构中，从而把自身置换到对象中进行体验。在审美或欣赏时，人们把自己的主观情感转移或外射到审美对象身上，然后再对之进行欣赏和体验。例如，诗人把自己不畏强暴的风格和情感投射到菊花身上，然后再讴歌菊花的不畏严寒和美丽，这就是中国诗坛上对菊花的"千古高风说到今"的心理机制。再如，相传孔子当年周游列国，却到处受到冷遇，他在返回鲁国的途中，经过一段幽闭的山谷，看到那里浓郁芬芳的兰花开得特别茂盛，不禁感慨万千，认为兰花如今单独在山谷里，只与杂草生长在一起，实在可惜！于是他架起琴鼓，弹起《猗兰操》。显然，孔子因为得不到重用而倍感伤心，于是移情于山谷的兰花，为之弹琴歌唱。凄凉和孤苦的意境，就是孔子情感的移情外射。当审美者把自己的情趣外射到欣赏对象，又把对象的形象情趣吸收到自身时，就出现了审美中的"物我同一"的境界。此时，主客体之间的心理距离已被取消，缩短或消除了审美关系的心理距离。

审美是生理基础和过程对于审美对象的内模仿。例如，审美者以自己身体内肌肉的紧张收缩来模拟审美对象的动作或姿态——奔跑、飞翔或拔地而起。模仿常常是一种比较轻微的、对局部细节的模仿，因而主要是一种象征性的模仿。一般来说，审美体验的第一步是通过感觉器官取得对作品的艺术感知，再经过神经传导系统，在大脑形成相应的兴奋中心。第二步是使静止的形象运动起来，这便需要内模仿和艺术想象。这一方面是对作品的再感知，是情绪的再体验；另一方面也是理性的再渗透，是抽象向形象的逐渐过渡。

审美体验是审美主体的全部心理因素和功能的投入，实际上就是艺术家创作活动中的生命意识与心理流变的发展和延宕。

三、审美的含义

人的审美追求，在于提高人的精神境界、促进与实现人的发展，在于促进和谐发展、创建和谐世界，在于使这世界因为有我而变得更加美好。这是和谐审美观的基本观点。

应该明确，审美是人们对一切事物的美丑做出评判的过程。审美是一种主观的心理活动的过程，是根据自身对某事物的要求所做出的一种对事物的看法，具有很大的偶然性。同时也受制于客观因素，尤其是所处的时代背景，会对评判标准产生很大影响。

从哲学的角度来看，审美是事物对立与统一的极好证明。审美的对立显而易见，体现为它的个体性。审美的统一则通过客观因素对人们心理的作用表现，即在每个时代或阶段，人们所处的环境，或多或少会对人们的审美观造成影响。

由于审美是一种主观的活动，因此很多人会认为，审美只是人的一种特殊的行为，在其他动物中不存在审美。其实不然，人们对动物是否

存在审美这一行为的推测，在很大程度上被人们的思维所左右，而并不
是真正从动物的角度出发，因此难免存在偏差，也很难说审美仅为人类
所特有。

审美范围极其广泛，包括建筑、音乐、舞蹈、服饰、陶艺、饮食、装
饰、绘画，等等。审美存在于生活的各个角落。走在路上，街边风景需要
去审美；坐在餐馆，各式菜肴需要去审美……当然这些都是浅层次上的审
美现象，更应从高层次上进行探讨，即着重审人性之美。我们不断追问心
灵，不断提高审美情趣。审美是从理智与情感、主观与客观方面的具体统
一地追求真理、追求发展，背离真理与发展的审美，是没有统一标准的。

四、审美的特点

1. 审美具有直觉性

所谓审美直觉，就是对美的形态的直接感知，是对审美对象的整体把
握。所谓直觉，具有三层含义：一是指审美感受的直接性、直观性，即整
个审美过程自始至终都是形象具体的，是在直接的感知中进行的；二是在
审美中对审美对象从全局整体上而不是支离破碎的感知；三是指审美感官
愉快，审美不是先有理智的思考和逻辑的判断，而是直接产生的，即在美
的欣赏中无须借助抽象的思考，便可不假思索地判断对象的美或不美。爱
迪生指出："有一些不同物质的变化方式在一眼看到时心灵马上就判定它们
美或丑，不需预先经过考虑。"这种直觉性贯穿美感的一切形态之中。

在艺术美的欣赏中，美感产生的过程就是审美意象再造的过程。

2. 审美具有情感性

所谓审美情感，是指人对客观存在的美的体验和态度，包括人的生
理、理性因素与人类发展所积淀的普遍因素。比如我们欣赏阿炳的《二泉
映月》，二胡一拉出那缓慢、低沉而悠扬的旋律，我们立刻被激发出一种

凄婉哀怨的情绪，仿佛一人孤身坐于夜阑人静、月冷泉清之地，回首往事，苦痛不堪。随着主题的展开，旋律慷慨激昂起来，那悲愤的控诉、不屈的抗争和孤傲的人格立刻在我们心里激起共鸣，愤怒、同情、钦佩、昂奋等诸种情感，在我们胸中交织着，洋溢着，沸腾着。直至曲终，我们的心绪仍然久久不得平静。这就是一种审美情感的体验和态度。

3. 审美具有愉悦性

审美愉悦来源于对人的本质力量的肯定，表现于对狭隘功利性的超越和对于生命力的追求。我们知道，审美是一种感情，是一种喜悦和愉快的感情。无论什么样的审美对象，它总是能给人们带来审美的喜悦。崇高美，诸如奇峰突起、绝壁悬崖、霹雳闪电，虽然它们使我们的耳目受到强烈的刺激，但能给人一种愉悦感。听莫扎特的音乐，读张若虚的诗，登八达岭看万里长城，都可以获得这种激动、平静、喜悦、愉快的美感享受。这种愉悦感来自身心与能力的和谐运动，令人感到一种恬然、左右逢源、轻柔流畅、游刃有余的自由。

审美愉悦是非功利的，因为它表现了对狭隘功利性的超越和对于生命力的追求。

第二节　女性审美心理分析

女性审美心理指女性对于审美对象的特殊心理反应。这种心理是在感知、情感、想象、理解等心理因素相互推动、相互协调下产生的一种复杂的心理活动现象。感知、情感、想象、理解是构成审美心理的基本要素。

一、什么是审美心理？

审美心理活动是审美创造美中的知、情、意活动，包括审美的感觉、知觉、表象、选择、注意、记忆、回忆、联想、想象、判断、推理、情感、意志以及灵感、潜意识等心理形式、内容及其相互作用的活动，经历了认知活动、情感活动、意志活动这三个既逐步递进又相互制约、相互渗透的阶段。在人类初期产生自觉的审美意识之前，便已开始逐步形成感觉、知觉、表象等初级阶段的简单审美心理活动。随着人类社会实践、审美实践的发展，审美心理活动日益自觉化、丰富化、系统化、深邃化，并日益富于探索性、能动性、创造性。

在美学诞生之前，人类早已开始关注自己的审美心理及其活动方式和规律，而当美学由侧重研究审美客体转向研究审美主体时，审美心理活动及其规律、功能便成为美学的主要研究对象之一。审美心理活动被激活的客观基础是特定对象信息对人的生理、心理的刺激，生理机制是大脑神经系统对外来刺激的反应和组织、整理，社会条件是人的社会实践、审美实践和在实践中同对象所发生的特定的审美关系，主体条件是人的审美需要、

精神需求和一定的审美能力，是在被感知的客体审美特性与主体审美需要、审美创造的相互作用中发生发展的，其特征是感性与理性、直觉与思维、理智与情感、感知与创造的相互统一，其结果是产生审美感受、审美体验、审美评价和创造审美意象、艺术形象。审美心理活动是人伴随着形象，驰骋想象，渗透着理智探究，充盈着情绪、情感并富有能动性、创造性的特殊的心理活动，是形象思维、艺术思维与抽象思维相辅相成的活动，是人的审美意志行为和美的创造、艺术创造的心理依据和内在驱力。

二、女性审美的心理特征

1. 崇拜心理

在女性审美心理中，崇拜心理特征极其明显，这与其性别特征有关。尤其是年轻女性对偶像竭力模仿，模仿偶像的言谈举止和衣着打扮，爱其所爱，行其所行。

2. 从众心理

从众心理男女皆然，而女性尤甚。因为相对而言，男性更为理性，女性更为感性，感性的女性更容易跟着大众走。尤其是在穿衣打扮方面，女性的从众心理更为明显。审美在从众心理的支配下，做出的选择并不都是自觉自愿，而是跟随大众的审美观而已。

3. 好奇心理

好奇是人的天性，而女性的好奇心理更明显。男性大多属于粗线条心理，女性心理则很细腻，更易产生好奇心理。尤其是年轻女性，对于未知的事物总想去体验，充满兴趣，甚至不考虑是否适合所处环境，是否适合自己特点。

4. 求异心理

求异心理是对从众心理的反叛。不愿随波逐流，总想别出心裁，与众

不同。

三、女性审美趣味的时代特点

女性审美趣味的时代性是个体、群体审美趣味、爱好的时代特征。人的审美活动、审美需求受特定时代的社会实践、生产力发展水平、社会意识形态和审美对象、艺术发展的影响和制约，形成各自不同的审美理想和审美趣味，并在其审美理想的指导、规范和审美趣味的指引下进行美的鉴赏和创造，其艺术风格和审美偏好自然会表现出时代的特征。审美趣味具有时代特征，不同时代有不同的审美趣味。

女性群体的审美趣味随着时代的发展而变化，个体的审美趣味也受到特定时代和审美时尚、习俗、习惯的影响，从而产生特定时代的居于主导地位的审美观念、审美理想、审美需求、审美标准和审美趣味，其具体内容和表现形式既有历史的传承性，又具有时尚性、流变性，并随着时代的发展而呈现出审美趣味的多样性。把握审美趣味的时代性，既有助于科学把握以往各个时代人们审美取向、审美创造的时代特征和历史发展，又有助于正确把握当今时代的审美风尚，增强审美创造的自觉性，提高艺术创作的时代特征和表现力、感染力。

第三节　当代女性的审美观

审美的定位与建立是以文化价值为标准的，社会与文化发展变迁的同时，女性审美观也随之变化。经济全球化所带来的国际的文化交流与融合使我国当代女性审美文化出现了明显的现代性多元化的特点，在审美标准多元化的时代，女性审美价值观的构建，对提升女性的主体意识、发展和繁荣女性文化都具有重要的作用。

一、审美观的内涵

审美观念又称审美观。在实践中常指某种美学观点，以及对某个美学问题或审美现象的基本看法。它是人们在实践中形成的关于美的理性认识，一经形成就具有相对的独立性。人们以一定的审美观点指导着创作和欣赏，它制约着人们对现实和艺术的审美方向。例如，在艺术创作中，现实主义者就重视对于现实关系的真实再现，而浪漫主义者则热情洋溢地追求着理想。

审美观是从审美的角度看世界，是世界观的组成部分。审美观是在人类的社会实践中形成的，和政治、道德等其他意识形态有着密切的关系。不同的时代、不同的文化和不同社会团体的人具有不同的审美观。

审美观具有时代性、民族性、人类共同性，在阶级社会具有阶级性。美是人类社会实践的产物，是人类积极生活的显现，是客观事物在人们心目中引起的愉悦的情感。

与一般的感性观念不同，审美观念渗透着理性，它借助于感性的形象来展示理性的本质；与一般的理性观念不同，审美观念又始终伴随着感性因素。审美观念是在审美经验的基础上产生的，它是对审美经验的提炼和概括。作为审美意识的组成要素，审美观念具有时代、民族、阶级的差异性，它不可避免地具有鲜明的时代、民族、阶级的烙印；并且审美观念还具有个体的差异性，它受着审美主体的思想、修养、性格、气质、心境以至境遇的制约。当然，这并不意味着否认审美观念所具有的客观的、社会的内容。审美观念对人们的审美活动具有巨大的能动作用。因此，树立正确的审美观念，对人们的审美实践具有重要意义。

一般来说，审美观念并不充当审美感受和审美对象之间的中间环节。人们对某一种美的事物有了感受之后，就产生了审美经验，再遇到同类美的事物后，就能凭借审美经验感受到美了。此外，审美感受还与人的生活环境、人生经历、兴趣爱好、个性倾向以及先天气质、潜能有密切关系。因此，审美观念指导着人们的审美实践活动，虽然有助于人的审美修养的提高，但不等同于人们的审美能力。

二、女性审美价值观的变化

女性审美价值观的变化是特定社会历史文化背景下所产生的一种文化现象，是时代进步和社会发展的结果。近现代以来，中国女性审美价值观的演变主要有以下过程。

1. 从家庭附属品，到社会角色的演变

中国传统文化以血缘为基础、以长幼为顺序、以父权为轴心的家族制度，极大地束缚了女性的发展，在"男尊女卑"的社会性别关系下，妇女主体意识和自主精神被剥夺，女性的审美文化被淹没、被取代，女性成为男性的附属品，要遵从"三从四德""三纲五常""女子无才便是德"……

依照男人的意志行事，女性自身的审美经验、审美理想被压制、被扼杀。

在封建礼教的束缚下，女性经济上依靠男人，精神上也依赖男人，女性的审美价值观也是建立在男性对女性的审美需求之上。

随着妇女解放运动的发展，中国女性开始摆脱封建思想的束缚。20 世纪初到中华人民共和国成立前，一大批被禁锢的中国女性开始觉醒，她们开始"剪发、读书、参政"，这些历史性的变革要求，体现了 20 世纪初女性对审美的觉醒，表明了中国女性审美价值观开始走上理性之路。

2. 从政治同化的审美，到知性的审美追求

中华人民共和国成立到改革开放之前，女性从家庭走向社会，参与社会工作的人数较从前有明显增长，知识女性纷纷投入革命及社会主义建设大潮。在当时的时代背景下，女性审美被忽视、淡忘，革命化的劳动与奉献几乎是唯一的审美标准，女性特有的温柔、含蓄以及性感美，被政治标准同化。

自改革开放以来，随着经济与社会的迅速发展，女性的社会地位和社会参与程度不断提高，女性接受教育的水平不断提高，参与社会活动的数量不断增多，这些都促使中国女性从思想观念到文化价值取向全面转型，外部审美特征被关注，内在修为也受到重视，知性美一度成为女性审美的主流。

3. 从多元化审美中，彰显自我主体性

自进入 21 世纪以来，我国经济和社会呈纵深发展，经济全球化所带来的国际的文化交流、融合使我国当代女性审美文化出现了明显的现代性多元化的特点，女性审美价值观也发生了翻天覆地的变化，女性审美由被动变为主动，从服从转为征服。女性审美中彰显着主体性的中性美、身体美等审美诉求，带有强烈的主体意识，是对传统审美的挑战。女性的审美所表现出来的开放、张扬与多元的特点，都是这一时期文化形态多样性与

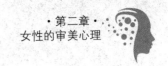

文化繁荣发展的表现。

三、美貌竞赛：现代女性的压力

外在美成为衡量女性价值的重要砝码，但大多数女性因为达不到这个标准而丧失自信，或者不顾一切按图索骥去追求。女性的创造力、内在个性、潜能力等都被忽视，只留外表任人评说。现代媒介对女性美的定义太局限，以至于现实生活中几乎没有女性被评价为"美"。女性为了让自己好看，不惜花费时间精力和金钱改变形象，甚至于忽视健康做美体美容。

这不仅是时代的悲哀，也是女性的悲哀。

如今，经济全球化、国际化已成为时代潮流和客观趋势，全球化引发了社会文化的深刻嬗变，女性个体意识与反叛精神得到了前所未有的张扬，男性稳固的审美霸权体系受到了史无前例的冲击。女性审美的多元性，体现了社会的进步与宽容，但过度地关注外在特征，不探究女性深层次的审美价值，会使女性审美观出现偏颇，甚至会影响女性审美文化的合理构建。

1. 在经济利益刺激下，女性审美出现商业化倾向

在商品经济影响下，女性审美已出现商业化的倾向。流行杂志、报纸、电视广告等传媒不断宣扬经济与科技合力打造的美女形象，诱导女性进入美容、整容等领域消费。铺天盖地的商业广告、杂志封面中出现的毫无瑕疵的身材匀称、美丽、性感的美女形象，诱使女性把她们当作审美标准去追逐，根据广告上的统一标准，与自己比对，甚至认真进行改造，来达到所谓"标准"的"美丽"。女性忽视审美的自我主观感受以及自己的个性特色，女性身体审美面临着标准化、统一化的商业化模式。

大众传媒在商业利益的驱使下，大肆向女性宣扬美丽所带来的价值，并将其与女性婚姻的幸福、事业的成功紧密相连，在强大的商业攻势下，

女性欣然接受"美丽的女性更容易成功""美丽才会成功"这些思想，并甘愿为之付出行动，一批一批地汇入再造"美丽"的大潮中，放弃审美个性，女性身体也终将成为商业化审美的符号。

2. 盲从身体自我，女性审美失去了独立性

当代女性在大胆追求、展示身体美的同时，自身的主体性也随之丧失。许多女性的身心已被大众媒介规训，放弃了自己独立的女性美学意识，认可、赞同大众媒介所展示的浅层身体审美意识。在对明星的仿效、追逐中，当代女性不断地对自身进行否定，忽视女性身体的自然之美与个性之美，寻求一种被规训了的美丽，这实际上是女性审美主体性的一种缺失。

3. 一味追求外表美丽，女性审美步入世俗化

一旦性感、美丽等外部特征被认定为女性审美的全部标准，许多年轻女性会将此定为追逐的目标，认为拥有美丽就可以拥有一切，女性只有美丽才能俘获大众的审美。虽然大多数女性无法拥有这份美丽，但商品社会为女性提供的美丽产品比比皆是，比如美白、除皱、抽脂、丰胸、美腿等，与人造美丽并存的是对身体的伤害和风险，审美价值观的偏差使女性不断加入人造美丽的队伍中去，美丽已成为一种可以用金钱买来的商品，女性的身体在金钱与高科技的打造下日趋完美。商家对美丽的营销无孔不入，速效美丽后的女性迅速在婚姻、职场上获胜，将美丽作为"融资"获利的资本，这使得审美定位的偏差拉大，大大加快了女性审美世俗化的进程。

四、女性对"女性美"的自我认知

女性之优是综合资源和能力之优，主要靠的是内在实力，而不是相貌。或许某些行业对于女性相貌有所要求，但对于绝大多数行业而言，女

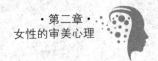

性的相貌并不是竞争因素。如今社会生活节奏极快，为了适应职场竞争，必须不断更新知识，不断学习充电，不能把宝贵的时间花费在外表的修饰打扮上。可以适度重视外在包装，重点还是要提升硬实力。

外表美仅仅是女性美的一个方面，绝不是全部。况且任何人都会变老，容颜不可能永驻，仅仅是过眼烟云，因此女性要对"女性美"有正确的认识。

第三章

女性的婚恋家庭心理

女性的择偶观以及恋爱心理与男性有较大差异，这主要是由性别和社会角色决定的。婚后的女性既是妻子，又是儿媳，有了孩子之后又是母亲，在生活的大舞台上，一个人具有多个角色身份。因此，在复杂的关系中具备良好的心理素质十分重要，要懂得适时转变角色，以便维护好不同的关系，经营好婚姻家庭。

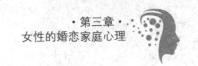

第一节　女性择偶心理

　　女性的择偶心理存在个性差异，但也存在明显共性。女性需要有正确的择偶观念，才能为未来幸福的家庭生活奠定基础。以利择偶，利尽则散；以貌择偶，色衰则疏；只有以心择偶，感情才可能长久。

一、择偶条件具体且现实

　　可以这样讲，女性的择偶要求基本上是以物质条件为标准的，极其现实，而且明确又具体。即便嘴上说只要对自己好就行，但心底里却不是这样盘算的。这里所说的物质条件并非单指眼见的钱财，还包括绩优股和潜力股。有的男人目前虽然经济条件一般，但从长远看则具有极大的发展潜力，有眼光的女人也会看中这一点。女性择偶时注重男人的经济实力，而男性择偶时较重视女性的外貌。虽然有例外，但绝大多数是这样。

　　自古以来，女性寻找配偶时，物质条件都是不可忽视的因素。与此相对应的是重视双方精神层面的需求，比如理想、共同的兴趣爱好、价值观等。但在现实社会中，精神层面的要求即便有，也仅仅是蜻蜓点水，不是终点，根本不足以与物质条件相抗衡。正如有位女性所言："精神层面我也考虑，比如理想、兴趣、人品、气质等，只不过这些不是主要要求。我认为在现实社会，成熟的婚恋观首先需要考虑物质基础，因为婚后将面对具体实在的生活，经济收入、住房、职业以及孩子出生带来的一系列问题都会很麻烦，这些问题最需要解决好。"她的观点具有普遍性，反映出当代

社会女性非常现实的功利性婚恋观。

二、理性多于感性

一般而言，女性择偶观念既有理性也有感性，但对于绝大多数女性而言理性多于感性。比方说，年轻女性考虑到受孕生子，会理性地选择那些具有明显男性特征的男人；在不考虑后代的情况下，会更喜欢女性特征的男人。女性的择偶目的也会明显影响选择倾向，比方说，如果要是选择短期的交往对象，大多女性的择偶是偏感性的，都比较喜欢帅气潇洒的男子。要是选择长期交往的对象，大多数女性择偶是理性的。从进化的角度来讲，女性生育期有限，卵子数量珍贵，并且生育代价比较大，因此会考虑更能为自己提供良好条件的男人。

女人不会轻易爱上一个男人，女性在恋爱时头脑里的尾状核会格外兴奋——尾状核是来负责判断功能的结构之一。无论是从现实事例分析，还是从生物学理论角度，大多数女性择偶其实是理性的。感性轻视规律，而理性则重视和遵循规律。理性压抑欲望，感性追求满足。理性追求效率，而感性则往往不计成本。比方说，女性在择偶时倾向于寻找自己心中理想型的男人，这便是感性择偶。有的女性则比较务实，她会考虑到诸多实际情况来决定寻找什么样的配偶，这便是理性择偶。

三、女性择偶慕强心理

慕强心理就是喜欢、崇拜比自己更强大、更优秀的人，不管是生活中还是工作上，喜欢追随着优秀的人，甚至会存在瞧不起弱者的心理。女生择偶的慕强心理是女性心理学中坡度择偶理论的体现。这种理论认为，男性倾向于选择社会地位、受教育程度、职业阶层、薪金收入等与自己相当或比自己低的女性，而女性则倾向于选择社会地位、受教育程度、职业阶

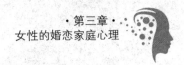

层、薪金收入等比自己高或与自己相当的男性，即择偶模式中的"男高女低"模式。

女生找男朋友的确会存在慕强心理，慕强心理作为女性择偶原则之一，是无可厚非的，谁都会被比自己更加优秀的人所吸引。但是一味地慕强而不提升自我，到最终只会是黄粱美梦。优秀的男生也会寻求优秀的女生，爱情本来该是两个平等有趣灵魂的相爱。盲目追求比自己优秀的人，将自己的一生作为别人的赌注，不如让自己更加强大。所以女生们不应该将爱情与慕强画上等号，而是应该在理性的基础上带有情感地选择，适合自己的才是最好的。

女性的择偶心理一般分为两个阶段：浪漫的女孩阶段和现实的女人阶段。而女生的慕强择偶观念则更多地体现在现实的女人阶段。女人毕竟是感情化的动物，无论在任何阶段，若遇见自己真正爱的人，女人大都会不顾一切地跟随，她的理智程度与社会经验成正比。

这时的女生，大多凭感觉寻找另一半，这种感觉取决于对方的形象、气质、言谈举止等个人素质。在这一时期，女生的慕强心理较弱。虽然从根本上而言，女生在不自觉中会被更加优秀的男生所吸引，但是一切的前提依旧是内心的感觉。如果她曾经找到了"内心的感觉"，最终却一无所获的话，她就自然会变得现实起来。这时的女人将认真考虑自己的将来，她会在思考是否与异性发展之前，了解其经济状况、家庭背景、职业种类等硬件水平。

四、攀比心理

通常产生攀比心理的个体与被选作为参照的个体之间具有极大的相似性，导致自身被尊重的需要过分夸大，虚荣动机增强，甚至产生极端的心理障碍和行为。根据产生的作用不同，攀比心理分为正性攀比和负性攀

比。正性攀比指正面的积极的比较，是在理性意识驱使下的正当竞争，往往能够引发个体积极的竞争欲望，产生克服困难的动力。负性攀比指那些消极的、伴随情绪性心理障碍的比较，会使个体陷入思维的死角，产生巨大的精神压力和极端的自我肯定或者否定。负性攀比最大的问题在于缺乏对自己和周围环境的理性分析，只是一味地沉溺于攀比中无法自拔，对人对己都很不利。

女性在择偶时常有攀比心理。比如，自己的几个小姐妹的男朋友都身材高大，她就会担心选择一位身材略矮的男友将遭到姐妹们的小视，从而定下了高标准的择偶标准。女性从众心理较强，如果同伴比自己强，她会觉得在她们面前抬不起头来。因此，她需要攀比，以便在同伴面前炫耀，令她们羡慕、嫉妒。

攀比心理比较重的女性往往很看重别人的评价和外界舆论，缺乏主见。这种女性在择偶时常常举棋不定，犹豫不决。她们会以别人的恋人或配偶为镜子，试图找一个不比别人差的男人。事实上，每个人都优缺点共存，世上没有十全十美的男人，在过分攀比心理影响下，往往会因为过分顾面子而耽误了短暂的青春。

在攀比心理之下，必然会产生嫉妒心理。嫉妒是一种极想排除或破坏别人优越地位的心理倾向，是含有憎恨成分的激烈感情。在个体之间差异性很小、外界条件基本相同的情况下，很容易产生嫉妒心理，具有明显的对抗性，从而引发消极情绪，导致极端的攀比行为，严重的话，还可能会危害到他人的利益，从而使自己也受到良心和道德的谴责。

攀比心理的根源是所谓的面子问题。女孩子也是希望与自己牵手的男生是个能够让人惊艳的人物。这样一来，平时发朋友圈或者和朋友聚会的时候，就能够多一份自信和安心了。

五、安全感

女性绝大多数喜欢"被呵护"的感觉,即使是女强人也不例外。安全感的内容很广,包括有一定的经济实力,为人稳重、成熟、负责任,处事果断有魄力,高大威猛的外形、健康的体魄等。

女性在挑选自己的另一半时,把能给自己"安全感"放在第一位,随着社会的发展变化,女性对"安全感"的定义也在变化。

中华人民共和国刚刚成立时,人民生活水平较低,女性在择偶时会侧重于挑选勤劳能干的男性,如果家境殷实就更好了,因为那时候女性的工作机会少,所以嫁人时需要选择能够保障自己生活的男人。

20世纪七八十年代时,工人的收入稳定,与农民相比工人的工作更加体面,所以那时候女性择偶会选择有稳定工作的男人,因为工作收入的稳定意味着生活的稳定。

到改革开放以后,市场经济蓬勃发展,先富起来的一批人都是通过经商致富的,整个社会对金钱的向往远超于前几十年,所以这时大多数女性把能赚钱、有钱的男人作为首选。

到了21世纪,特别是近几年,社会上选择姐弟恋的女性比例越来越大,特别是高收入的女性群体,这部分女性性格独立,赚钱能力也非常强,生存问题自己完全能够解决,所以在择偶时会更多地考虑感情因素,她首先考虑这段感情能否让自己开心,而不是考虑男人的经济实力。

当女人越是对外界感到不安的时候,就越是希望男人万事"靠得住"——最好什么事都能替自己摆平,不用自己操一点儿心。这样的话,就觉得自己得到了保护,有安全感。这就是为什么女人在爱情之外,还能提出那么多过分的、奇奇怪怪的要求。

第二节　女性恋爱心理

在恋爱过程中，女性总有一些典型心理现象，我们称之为女性的恋爱心理。有些心理是正常的，而有些心理则是不正常的，甚至是有害的。要了解自己的恋爱心理是否正常，就要正确理解和看待恋爱，只有这样，才能使恋爱成为跨入幸福大门的钥匙。恋爱是婚姻的前奏，女性要以积极的心态看待和接受恋爱，要树立正确的恋爱观。

一、执拗和醋意：恋爱中女性的不安全感

有位女性说："跟男朋友恋爱大半年了，觉得他没有以前这么在乎我了。刚开始的时候我回复消息慢点，他会直接打电话过来。那时候经常两三天视频一次，可是现在一个星期都没有电话视频，只聊聊微信，我不喜欢这样。以前闹脾气会安慰我会道歉，可是现在总是说我想太多，说我怎么又这样了，我只是希望他能多关心我。这样我特别没有安全感，觉得他不再喜欢我了，至少不爱了。我想看情感片电影，他表现得很不屑，说电影院应该看美国大片；早上我醒得早想吃早饭，他每次都睡到中午，有一次他醒了不想吃早饭，还是我一个人去楼下自助餐厅吃的。每次吵架都会冷暴力，我真的受不了。我知道自己控制不了他，也怀疑自己并没有这么大的能耐使他改变。很多时候情绪只能压在心里无法表达，即使说了他也不会说安慰人的话，只是会很理性地思考一会儿。昨天聊天他也说感觉我有时候太依赖他了，其实每次说自己的悲观情绪时，我都会觉得他总有一

天会腻烦，还不如现在主动离开他，比以后被分手好。现在我快期末考试了，他在工作，我们三个星期没见面，我想见他，他认为现在考试比什么都重要，可是真的很想见到他，从上次闹分手后，两个人就没见过面了，心里很不踏实，跟他说不见面没安全感，他不理解，说怎么又没安全感了。心里真的好郁闷，是我自己作吗，还是他真的不爱我了……"

爱情是美好的，也是自私的。没有人能够忍受自己所爱的人还跟其他异性保持亲密的联系。如果有一天女人无意中在你的手机里看到有你跟别的女性频繁且暧昧的聊天记录，你又给不出合理的解释，这个时候女人一定会发脾气。很多时候当一个女人对男人发脾气，男人都会觉得女人太敏感无理取闹，而不会去反思，试着换位思考一下，要是你遇到这样的时候心情会如何呢？

无论是谁，一旦长时间不能获知对方的信息联系不上对方，就会产生一系列的联想和不安。担心对方是不是出了什么事情或者说对自己有什么意见之类的。尤其是在恋爱阶段的女人就更加敏感，很长时间没有得到对方的回应，这个时候就会胡思乱想，这也是一种没有安全感的表现。

女人是需要呵护的，如果你总是不关心她，不能给她应有的温暖，久而久之她就会失去安全感，就会对你发脾气。别说女人总是无理取闹，那是因为女人缺乏安全感，才会对你发脾气。

作为男人，一定要学会照顾女人的情绪，要给予女人足够的安全感。显而易见，对女人来说，安全感和存在感是非常重要的。如果女人在爱情里得不到安全感，并且时刻感受到情感的能量得不到满足，总觉得身边的男人对自己不够在乎，那么女人肯定会很受伤。其实，安全感除了来自男人给予的足够的爱，女人也应该对自己充满自信。

女性在和自己男友交往的过程当中，会时不时地想要男友对自己表现出比较关怀的一面。但是凡事都要有个度，如果一味将自己的安全感放在

对方身上，很有可能就会在自己的过分关注之下，导致双方之间的情感失去平衡，最终走向破裂。

二、热恋中女人的特殊心理

为什么说女人在恋爱之后就会变得有些傻乎乎的感觉？那是因为女人在心中将男生当成自己最为喜欢的人，自己所做的一切都是为了男生，无论对方觉得这样的爱是好是坏，都按照自己的想法去爱。这样的女人过于理想化，往往沉迷于自己的恋爱中，总是认为自己认为的事就是事实。

这类女人对于恋人过于理想化，因为太喜欢对方，根本看不到对方的缺点，男人说什么都喜欢听，渐渐地没有了辨别能力，这就是让女人变"笨"的原因。很多女人在恋爱中迷失自我就是因为自己没有这样的清醒头脑，才导致这样的情况发生。这样的女人依赖心理过重，往往依赖对方，不管自己遇到什么事情，都会想让对方来帮忙。

女人在恋爱后，会变得过于依赖男友，也会变得不独立，什么事都想让男友做主，没有了自己思考的能力。不得不说，谈恋爱的女人绝对不会放过任何可以重温甜蜜的机会，得以延续恋情温度，举凡两人的对话记录、文字记录、合照，就连一起喝过水的水杯、一起看过的电影，男友送的卡片、礼物，都可以看个半天，一直看也不会腻，只有女人自己才知道其中的甜蜜滋味。

恋爱后，很多女人会沉溺在爱情里，听不进别人的话，一直沉浸在自己的恋爱中，即使有人说她的男友不好，她也不会自己去分辨，这个原因和第一个原因很相似，但是本质还是有区别的，这样的女人不能独立处理看待自己的恋爱，常言说得好，"当局者迷，旁观者清"。如果总是沉浸在自己的恋爱中，又怎么能分辨得出自己的这场恋爱是对还是错呢？

很多女人在情感方面大都是属于慢热型的，一旦女人的心扉被打开，女人的爱会变得那么狂热，那么执着。在这狂热的感情的促使下，很多女人对待事情会变得那么冲动，那么不理智。所以，恋爱中的女人很容易受到伤害，有的伤害是人财两空，更有甚者为此付出了生命。

恋爱中女人经常能够听到对方对自己的各种赞美，对未来生活的美好蓝图等各种甜美的情话。女人在甜言蜜语中感觉自己是那么完美无瑕，自己的缺点在对方眼里都是一种美的享受。这时的女人很容易在甜言蜜语的诱惑下失去理智。

三、对甜言蜜语没有抵抗力

情人节那天，小优和男友大吵了一架。原因很简单，男友不但没有给她准备礼物，连一句甜言蜜语都没有。男友对此觉得匪夷所思，在他看来情人节和平常的日子没有两样。小优看到朋友圈里大家都在秀恩爱，晒情人节收到的鲜花、巧克力等各种礼物，她更是火冒三丈。她对男友说："如果你懒得出去买礼物，你至少得发个520块钱的红包表示一下吧。"她越想越生气，男友则越来越搞不懂女友的套路。

说到甜言蜜语，其实不一定要多么华丽。发自肺腑的夸奖就是对女人最高的褒奖。比如，当女人辛苦下厨为你做了一顿午餐，你要记得夸赞她的厨艺很棒。再比如，当女人穿上了新衣裳，你一定要由衷地发出惊叹，表示她穿这件衣服特别漂亮，像个仙女一般美丽动人。甜言蜜语要说给懂你的人听。

恋爱中的女人之所以喜欢听男人说甜言蜜语，很重要的一个原因在于，女人在恋爱中缺乏安全感。女人在感情里会特别缺乏安全感，所以她才会迫不及待想要抓住男人嘴中的那一点点温存，来抚慰自己脆弱的灵魂和内心。女人自然懂得男人的某些甜言蜜语不过是场面话。但是，只要是

在适当的场合说出的甜言蜜语，女人都会照单全收。她需要甜言蜜语来浇灌爱情的小树苗。

四、误将崇拜当爱情

如果把崇拜用于名人身上，我们很明显就能知道，那不是爱情，可是如果是对于身边年龄相仿的异性产生了崇拜，那是爱情吗？不可否认的一点是，爱情产生的基础便是欣赏，而崇拜是欣赏较为浓烈的程度。所以有了崇拜，应该会有发展成爱情的可能性。

可是爱情里不一定有崇拜，若用词的话还是用欣赏和好感更为恰当，因为原则上讲爱情双方既然是两相情愿，那么所处的位置就应该是平等的，不应该有卑微的一方和优势的一方。可是现实生活中却又很难找到在爱情里非常平等的一对，一方的投入总是会多于或者少于另一方，这是为什么呢？

这个可以用真爱定理来解释。最完美的爱情状态是恋爱双方都是彼此心目中的唯一，对彼此的吸引程度和愿意投入程度都是相当的，但是这却是一个极小概率事件，因此绝大多数人选择了放弃，然后会选择一个80分左右匹配程度的人，这也就导致了最终付出的不对等。

崇拜其实就是找了一个你觉得对方有90分而对方只给你打70分的人，因为你对于他的评价比一般常人找到的80分要高，你便非常满意，你对他产生了强烈的崇拜之情，愿意付出所有。有的人愿意选择一个自己只有70分满意但对方却90分满意的结果，因为这样可以将优势最大化，伤害最小化。崇拜不是爱情或者说不是真爱。很多在爱情中卑微的一方都觉得自己太爱对方了，觉得真爱不能错过，所以选择承受压力。

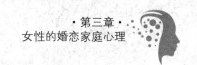

第三节　女性婚姻心理

处在恋爱阶段的女人，一时陷入美好当中，无法看到男人身上的缺点。等到结了婚，在现实的压迫下，女人从爱中苏醒过来，认真审视自己嫁的男人及他身上的缺点。被男人缺点笼罩的女人，同样也会被自己的完美主义情怀困扰，对男人产生怨念或者抱怨："你怎么是这样的男人，我怎么会嫁给了你。"女人与男人的结合，不是性格、生活方式的相互融合，它更像是一幅阴与阳结合的太极图，两者有交集，但不融合，是一种相对的统一。在这种特殊关系的统一下，争吵和恩爱互存，幸福与不幸互补。

一、将"离婚"当作威胁

有的女性常常拿"离婚"当作威胁，在夫妻有冲突或激烈争吵时作为手段，然而这样做会引发四个弊端：

（1）以"离婚"作为威胁的手段，就类似"狼来了"的故事，说多了会让你在伴侣面前失去信誉。以"离婚"作为威胁，前面几次对方还会重视你，但发现你每次提离婚只是说说而已，就知道你"黔驴技穷"了，反而会更加看轻你。

（2）越说什么，就越信什么。"离婚"这两个字说多了、听多了，夫妻俩就会对"离婚"这件严肃而慎重的事情习以为常，越来越觉得离婚也没什么，也是一个可以接受的选择。从而，夫妻俩不再重视婚姻，也不愿再尽力经营婚姻，将婚姻当作儿戏，导致婚姻的局面越来越糟，最后就只

能以离婚收场了。

（3）"离婚"这两个字说多了，会让婚姻沉浸在一种颓废的负面情绪中。这就类似某个人不喜欢自己的工作，整天嚷嚷着要辞职一样。一方面，辞职说多了就会越来越厌恶这份工作，一段时间后就辞职了；另一方面，即使不辞职，也会影响心情和工作效率，不可能把本职工作做得很好，没准哪一天，你自己还没辞职，公司反而先一步将你辞退了。

（4）如果你说了离婚，伴侣一口答应"好"，那你就骑虎难下，非离婚不可了。你不是伴侣肚子里的蛔虫，是不能精准预测伴侣的反应的，所以不要威胁和试探。

二、婚姻中女性的自我意识和感情维护

自我意识是一个女人的身价，没有自我意识的女人，想要得到男人的尊重，想要让男人瞧得起她，简直比登天还难。因为女人从失去自我的那一刻开始，人格与尊严就已经和她一起贬值了。

不要担心失去爱，因为真正的爱情是不用你牺牲自己的自我意识来维持的，更不应该用懦弱来膨胀另一方。任何伤害都是有迹可循的，当放纵的感情没有障碍时，这种没有建立在平等关系上的爱情还可以持续多久呢？

每个人都是独立地生存在这个世界上的，拥有自己独立的思想与感情，获得幸福，是每个人都有的权利，而幸福的生活是靠自己来书写的。真实地表达你的感情、你的需要，你所能够承受的最低限度，不论在任何糟糕的情况下，都能成为对方永远珍爱的人。

我们所熟知的世界名著《简·爱》中就描述了自我意识非常强、懂得维护自己的自尊的女人——简·爱。

简·爱长相普通，性格倔强，父母离世后被安排住进了舅舅家。这种

在人屋檐下仰人鼻息的生活使她受了很多苦，尝尽了白眼与歧视。大病一场之后的简·爱，被舅妈送进了洛伍德慈善学校。在那里，简·爱逐渐成长为一个内心柔软，拥有渊博知识，但却具有叛逆思想的女性。毕业两年后，简·爱在特恩费德庄园找到了一份家庭教师的工作，并与庄园主罗切斯特慢慢地找到了爱的感觉。

简·爱在那个时代阶级地位不高，甚至有些贫穷，但是她却有着一颗高贵的自尊心。她知道她与罗切斯特之间的身份十分悬殊，但是当着罗切斯特的面，简·爱仍毅然喊出了自己爱的宣言："你以为，我因为贫穷、低微、相貌平平、矮小，我就没有灵魂，也没有心吗？你想错了。我的灵魂跟你一样，我的心也跟你的完全一样。"

这句直到现在也备受人们推崇的经典话语，不仅让简·爱赢得了属于自己的真爱，也使人们不由得去正视她，去尊重她。

爱情与婚姻需要靠两个人一起来维系，就算两个人关系再亲密，也要在爱情与婚姻中保持独立的人格与自尊。因为只有你真真正正做到自尊、自爱，才能换来爱人的尊重与爱护。唯有如此，你才会获得长久的幸福。

三、家庭中，女性的心理成长

在家庭中，女性的作用不容置疑。女性能否推动婚姻家庭向幸福、和谐和美满的方向发展，取决于她的性格特点、心理素质和人格特征等品质。女性在婚姻中保持学习十分重要，在实践中不断总结，在总结中不断提高，对于家庭建设具有重大意义。

女性人格的完善需要经历复杂而漫长的过程。女性生理真正成熟是在25岁左右，生理成熟是心理成熟的基础和前提，也就是说，女性心理成熟必然是在25岁之后。婚姻中的女性心理成长将伴随婚姻的整个过程，乃

至于伴随一生。刚刚进入婚姻的女性，心理谈不上成熟，仅仅是心理成长的开始，女性的心理成长需要在婚后继续进行。

女性的个性弱点，常常会威胁到婚姻安全。比方说，女性的感性会导致敏感和多疑，女性的柔弱会导致缺乏主见和遇事懦弱，最终会丧失安全感，对丈夫的依赖性过强，使女性在婚姻中缺乏相对独立性。进入婚姻之后，女性需要修正性格缺陷，以避免使婚姻产生危机。

婚姻中女性的心理成长需要主动性，要有成长的主动意识。不能有刀枪入库马放南山的思想意识，以自己积极主动的心理成长经营家庭婚姻。从不同角度，通过各种事件，认识到心理的偏失或错误，不断纠偏修正，日积月累就会使人格逐渐完善，促使婚姻向着和谐美满的方向发展。

婚姻中的女性一定要学会爱自己，只有爱自己，才能激发自信和乐观的情绪状态。不爱自己甚至于厌恶自己的女性必定不自信，必然会以不健康的消极眼光看待婚姻家庭，婚姻也不会幸福。爱自己的女性心灵是自由、舒畅、阳光向上的，这一切折射到对待婚姻的态度上，让家庭充满着温馨和谐和睦快乐。

尊重、理解、宽容、赞赏等是婚姻中女性心理成长的方向和目标。家庭成员之间存在各式各样的不同，观念不同、习惯差异、个性不同，必定会出现各式各样的纠葛矛盾。作为家庭的女主人，要尊重家人，理解对方的心理和言行，抱着宽容的心态，少些指责和批评，多些赞许和肯定。

婚姻不是爱情的坟墓，而是心理成长的乐园。在家庭中，女性的心理成长质量是家庭幸福指数的保证。婚姻中的女性要主动成长，不断完善人格，不断修正性格，管控好情绪、情感和言行。

四、婚后女性的心理误区

很多已婚女性在婚后会对婚姻产生不一样的见解和认识，毕竟婚姻和恋爱完全是两码事。不少已婚女性在婚后找不到爱情的滋味，其实这也很正常，并不见得所有感情都会开花结果。如果你觉得你足够幸福，那么你可以一样活得非常精彩，最害怕有些人活在感情的世界里看不清楚自己，从而迷失了生活的方向。对于已婚女性而言，以下几个方面的心理误区应该避免。

1. 以为结婚后就不再需要和老公保持沟通

很多已婚女性以为婚后可以为所欲为，任何事情都可以自己拍板，从此不必再和老公商量。事实上，这样会让老公很反感，尊重是相互的，如果彼此不懂得相互尊重，那么这段婚姻注定无法维持下去。要想确保这段婚姻得以维持，很重要的办法就是彼此尊重和理解。已婚女性千万不要以为婚后所有事情可以自己说了算而完全不必征求老公的意见，事实上这是犯了婚姻的大忌。任何事情有商有量才能和谐相处。

2. 以为结婚后就可以独揽财政大权

要知道男人的应酬是多方面的。有时候，他可能需要应酬一下，如果他身上没有一分钱未免也太说不过去了吧。所以，作为女性应该尊重男性的自主权，适当地给予老公一些财政权。换言之，男人出于应酬的需要可能要用些钱，如果连这点最起码的要求都无法保障就会让男人颜面无存。要知道，男人其实是特别好面子的。要想让这段感情维持长久，很重要的一条就是要确保男人有足够的尊严。所以，男人拥有适当的私房钱是可以的，女人切记不要把财政权把控得太严格了。

3. 以为结婚后就不必打扮自己

很多已婚女性在婚后就会变成十足的黄脸婆，既不懂得收拾自己，更

不懂得如何推销自己。已婚女性很少真正挖掘自身的优点并发扬光大。事实上，已婚女性的可塑性非常强大。

4. 以为结婚后就可以对老公颐指气使

男人最大的特点是爱面子。如果一个女人足够聪明的话，她会给足一个男人面子。男人是一种特别爱面子的动物，他可以抛弃所有，唯独不能抛弃自尊。所以，已婚女性应该注意的一点是时刻维护老公的尊严和面子。你要知道，男人在众人面前最在乎的往往是个人的面子。你只要保全了男人的尊严和面子，其他的一切都好说。否则，你们的婚姻肯定会陷入冷战，最终不得不以离婚收场。

总之，夫妻一场是前世修来的福分，每个人都应该好好珍惜。千万不要以为缘分可以随便放弃，要知道有些缘分一旦错过就不会再发生。珍惜眼前人，才是最要紧的事。那些吃着碗里的盼着锅里的人，注定会赔了夫人又折兵。感情需要用心对待，切勿三心二意。爱对了人就要好好珍爱一生，否则不如不开始。遇到了对的人就请好好珍惜吧。

第四章

女性情绪自我管理

女性情绪自我管理就是善于掌握自我，善于调节情绪，对生活中的矛盾和冲突事件引起的情绪反应能够有效排解，能够以积极向上和乐观的态度面对遇到的不愉快，能够及时纾解紧张情绪。

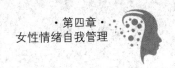

第一节　情绪

情绪是对一系列主观认知经验的通称，是人对客观事物的态度体验以及相应的行为反应。一般认为，情绪是以个体愿望和需要为中介的一种心理活动。

一、情绪的概念

情绪是以主体的需要、愿望等倾向为中介的一种心理现象。情绪具有独特的生理唤醒、主观体验和外部表现三种成分。符合主体的需要和愿望，会引起积极的、肯定的情绪，相反就会引起消极的、否定的情绪。

主观体验是个体对不同情绪状态的自我感受。每种情绪有不同的主观体验，它们代表了人的不同感受，如快乐还是痛苦等，构成了情绪的心理内容。情绪体验是一种主观感受，很难确定产生情绪体验的客观刺激是什么，而且不同的人对同一刺激也可能产生不同的情绪。因此，情绪体验的研究一般采用自我报告的方法。

情绪的外部表现，通常称为表情。它是在情绪状态发生时身体各部分的动作量化形式，包括面部表情、姿态表情和语调表情。面部表情是所有面部肌肉变化所组成的模式，如高兴时额眉平展、面颊上提、嘴角上翘。面部表情模式能精细地表达不同性质的情绪，因此是鉴别情绪的主要标志。姿态表情是指面部以外的身体其他部分的表情动作，包括手势、身体姿势等，如人在痛苦时捶胸顿足，愤怒时摩拳擦掌等。语调也是表达情绪

的一种重要形式。语调表情是通过言语的声调、节奏和速度等方面的变化来表达的，如高兴时语调高昂，语速快；痛苦时语调低沉，语速慢。

生理唤醒是指情绪产生的生理反应。它涉及广泛的神经结构，如中枢神经系统的脑干、中央灰质、丘脑、杏仁核、下丘脑、蓝斑、松果体、前额皮层，以及外周神经系统和内、外分泌腺等。生理唤醒是一种生理的激活水平。不同情绪的生理反应模式是不一样的，如满意、愉快时心跳节律正常；恐惧或暴怒时，心跳加速、血压升高、呼吸频率增加，甚至出现间歇或停顿；痛苦时血管容积缩小等。

下丘脑通过两个生理系统调节身体的改变——自主神经系统和激素。下丘脑用自主神经系统来进行非情绪调节：温度太高时，它激活汗腺，温度过低时，它使血管收缩，减少热量的损耗；在个体锻炼时，会呼吸加快吸进更多的氧气，机体释放更多的葡萄糖进入血液，心脏跳动更快更强以运输这些东西。在下丘脑探测到体内失衡时，它就会启动这些改变。不过，下丘脑也接收身体平衡极有可能被将来的活动损害的线索，帮身体做相应的准备。这个准备是情绪的一个特别重要的特征。

下丘脑控制的内分泌系统有相似的灵活性。在下丘脑探测到个体的血压过低时，它指导脑下的垂体释放一个抑制尿液生成的激素，即抗利尿激素，这种激素使肾脏重新吸收液体进入身体，而不是将液体排到膀胱。不过，随着心理压力的持续，下丘脑将引导垂体帮助释放皮质醇。因此，在我们经历强烈情绪时，下丘脑是控制身体改变的关键结构。

因为它指导自主神经系统"战或逃"反应和应激激素的释放，因此，下丘脑看起来仅涉及负性的情绪。不过，下丘脑对于某些积极情绪也是重要的。下丘脑在性欲上扮演重要角色，一方面通过控制与唤起和性高潮相联系的自主神经系统激活，另一方面引导脑下垂体帮助释放性激素进入血液。

保罗·克莱因金尼和安妮·克莱因金尼综合了以前界定的主要成分，提出了一个定义：情绪是主观因素、环境因素、神经过程和内分泌过程相互作用的结果。对情绪反应来说，某些激素相比其他激素要更重要一些。情绪研究者对肾上腺激素和皮质醇特别感兴趣，它们在个体对压力的反应中起到至关重要的作用。而那些经历过青春期、怀孕期或更年期的个体会感受到雌激素和睾酮对情绪的影响。高水平的雌性激素似乎对情绪有增强效应，而雌性激素的迅速下降则会引起抑郁症状。更重要的是，似乎是雌性激素水平的改变本身引起情绪效应，而不是激素的绝对水平。这就是在青春期和更年期急速波动的雌性激素和心境起伏联系在一起的原因，这也是心境障碍在女性群体的某些生命阶段（例如童年期和绝经后），即雌性激素水平低且连续的阶段，不那么普遍发生的原因。睾酮也同样对情绪有广泛影响。对男性和女性而言，睾酮在增强性冲动方面有重要作用。此外，对于男性而言，睾酮具有心境增强效应，就像雌性激素对女性的作用一样，虽然现在我们对这些效应的影响还不是特别清楚。但最后，睾酮被认为是对愤怒和敌意很重要的影响因素，虽然相关研究结果尚不稳定。

二、情绪的外部表现

情绪（emotion）是一种内部的主观体验，在情绪发生时，总是伴随着某种外部表现。这种外部表现是可以观察到的某些行为特征。这些与情绪有关的外部表现，叫表情。

1. 面部表情

面部表情（facial expression）是指通过眼部肌肉、颜面肌肉和口部肌肉的变化表现出来的各种情绪状态。人的眼睛是最善于传情的，不同的眼神可以表达人的各种不同的情绪和情感。例如，高兴和兴奋时"眉开眼

笑"，气愤时"怒目而视"，恐惧时"目瞪口呆"，悲伤时"两眼无光"，惊奇时"双目凝视"，等等。眼睛不仅能传达感情，而且可以交流思想。人们之间往往有许多事情只能意会，不能或不便言传，在这种情况下，通过观察人的眼神可以了解他（她）的内心思想和愿望，推知他（她）们的态度：赞成还是反对、接受还是拒绝、喜欢还是不喜欢、真诚还是虚假等。可见，眼神是一种十分重要的非言语交往手段。艺术家在描写人物特征、刻画人物性格时，都十分重视通过描述眼神来表现人的内心情绪，栩栩如生地展现人物的精神风貌。

口部肌肉的变化也是表现情绪的重要线索。例如，憎恨时"咬牙切齿"，紧张时"张口结舌"等，都是通过口部肌肉的变化来表现某种情绪的。

相关实验表明，人脸的不同部位具有不同的表情作用。例如，眼睛对表达忧伤最重要，口部对表达快乐与厌恶最重要，而前额能提供惊奇的信号，眼睛、嘴和前额等对表达愤怒情绪很重要。还有实验研究表明：口部肌肉对表达喜悦、怨恨等情绪比眼部肌肉重要，而眼部肌肉对表达忧愁、惊骇等情绪则比口部肌肉重要。

2. 姿态表情

姿态表情可分成身体表情（body expression）和手势表情两种。

人在不同的情绪状态下，身体姿态会发生变化，如高兴时"捧腹大笑"，恐惧时"紧缩双肩"，紧张时"坐立不安"等。

手势（gesture）通常和言语一起使用，表达赞成还是反对、接纳还是拒绝、喜欢还是厌恶等态度和思想。手势也可以单独用来表达情感、思想，或做出指示。在无法用言语沟通的条件下，单凭手势就可表达开始或停止、前进或后退、同意或反对等信息。"振臂高呼""双手一摊""手舞足蹈"等手势，分别表达了个人的激愤、无可奈何、高兴等情绪。心理学

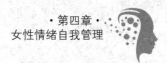

家的研究表明，手势表情是通过学习得来的。它不仅存在个别差异，而且存在民族或团体的差异，后者表现了社会文化和传统习惯的影响。同一种手势在不同的民族中表达的情绪是不同的。

3. 语调表情

除面部表情、姿态表情以外，语音、语调表情（intonation expression）也是表达情绪的重要形式。朗朗笑声表达了愉快的情绪，而呻吟表达了痛苦的情绪。言语是人们沟通思想的工具，同时，语音的高低、强弱、抑扬顿挫等，也是表达说话者情绪的手段。例如，当播音员转播乒乓球的比赛实况时，他的声音尖锐、急促、声嘶力竭，表达了一种紧张而兴奋的情绪；而当他播出某位领导人逝世的讣告时，语调缓慢而深沉，表达了一种悲痛而惋惜的情绪。

总之，面部表情、姿态表情和语调表情等，构成了人类的非言语交往形式，心理学家和语言学家称之为"身体语言"（body language）。人们除了使用语言沟通达到互相了解之外，还可以通过由面部、身体姿势、手势以及语调等构成的身体语言来表达个人的思想、感情和态度。在许多场合下，人们无须使用语言，只要看看脸色、手势、动作，听听语调，就能知道对方的意图和情绪。有人专门研究过企业领导者的动作表情，发现不同层次的领导者在进行管理工作时的面部表情、语调，以及使用手势的情形是不同的。

4. 感觉反馈

人们的情绪是通过面部肌肉、骨骼肌肉系统的活动来表达的。近几十年来，人们发现通过身体的反馈活动可以增强情绪的体验。表情中的身体姿势也能提供感觉反馈，并影响人的情绪。伸展体姿能振奋精神，收缩姿势会降低活力，言语行为也同样影响人们的情绪。

三、情绪状态

情绪状态是指在某种事件或情境的影响下，在一定时间内所产生的某种情绪，其中较典型的情绪状态有心境、激情和应激三种。

1. 心境

心境是指人比较平静而持久的情绪状态。心境具有弥漫性，它不是关于某一事物的特定体验，而是以同样的态度体验对待一切事物。

不同心境的持续时间有很大差别。有些心境可能持续几小时，有些心境可能持续几周、几个月或更长的时间。心境的持续时间依赖于引起心境的客观刺激的性质，如失去亲人往往使人产生较长时间的郁闷心境。一个人取得了重大的成就（如高考被录取、实验获得成功、作品初次问世等）后，会在一段时期内处于积极、愉快的心境中。人格特征也能影响心境的持续时间，同一事件对某些人的心境影响较小，而对另一些人的影响则较大。性格开朗的人往往事过境迁不再考虑，而性格内向的人则容易耿耿于怀。

心境产生的原因是多方面的。生活中的顺境和逆境、工作中的成功与失败、人际关系是否融洽、个人健康状况、自然环境的变化等，都可能成为引起某种心境的原因。

心境对人的生活、工作、学习、健康有很大的影响。积极向上、乐观的心境，可以提高人的活动效率，增强信心，对未来充满希望，有益于健康；消极悲观的心境，会降低人的活动效率，使人丧失信心和希望。经常处于焦虑状态，有损于健康。人的世界观、理想和信念决定着心境的基本倾向，对心境有着重要的调节作用。

2. 激情

激情是一种强烈的、爆发性的、为时短促的情绪状态。这种情绪状态通常是由对个人有重大意义的事件引起的。重大成功之后的狂喜、惨遭失败后的绝望、亲人突然死亡引起的极度悲哀、突如其来的危险所带来的异常恐惧等，都是激情状态。

激情往往伴随着生理变化和明显的外部行为表现，例如，盛怒时全身肌肉紧张、双目怒视、怒发冲冠、咬牙切齿、紧握双拳等；狂喜时眉开眼笑，手舞足蹈；极度恐惧、悲痛和愤怒后，可能导致精神衰竭、晕倒、发呆，甚至出现所谓的激情休克现象，有时表现为过度兴奋、言语紊乱、动作失调。

人在激情状态下往往会出现"意识狭窄"现象，即认知范围缩小，理智分析能力受到抑制，自我控制能力减弱，进而使人的行为失去控制，甚至做出一些鲁莽的动作或行为。有人用激情爆发来原谅自己的错误，认为"激情时完全失去理智，自己无法控制"，这是有争议的说法，一般认为人能够意识到自己的激情状态，也能够有意识地调节和控制它。因此，每个人对在激情状态下的失控行为所造成的不良后果都要负责任。

要善于控制自己的激情，做情绪的主人。比如，培养坚强的意志品质、提高自我情绪控制的能力。然而激情并不总是消极的，卫星发射成功时研制人员的兴高采烈、运动员在国际比赛中取得金牌时的欣喜若狂，在这些激情中包含着强烈的爱国主义情感，是激励人上进的强大动力。

3. 应激

应激是指人受某种意外的环境刺激所做出的适应性反应。人们遇到某种意外危险或面临某种突然事变时，必须运用自己的智慧和经验，动员自己的全部力量，迅速做出选择，采取有效行动，此时人的身心处于高度紧张状态，就是应激状态。例如，飞机在飞行中，发动机突然发生故障，驾

驶员紧急与地面联系着陆；正常行驶的汽车意外地遇到故障时，司机紧急刹车；战士排除定时炸弹时的紧张而又谨慎的行为；等等。应激状态的产生与人面临的情景及人对自己能力的预判有关。当情景对一个人提出了要求，而他意识到自己无力应付当前情境的过高要求时，就会因紧张而处于应激状态。

人在应激状态下，会引起机体的一系列生物性反应，如肌肉紧张度、血压、心率、呼吸以及腺体活动都会出现明显的变化。这些变化有助于适应急剧变化的环境刺激，维护机体功能的完整性。

四、情绪特点

情绪的维度是指情绪所固有的某些特征，如情绪的动力性、激动性、强度和紧张度等。这些特征的变化幅度具有两极性，即存在两种对立的状态。

情绪的动力性有增力和减力两极。一般来讲，需要得到满足时产生的积极情绪是增力的，可提高人的活动能力；需要得不到满足时产生的消极情绪是减力的，会降低人的活动能力。

情绪的激动性有激动与平静两极。激动是一种强烈的、外显的情绪状态，如激怒、狂喜、极度恐惧等，它是由一些重要的事件引起的，如突如其来的地震会引起人们极度的恐惧。平静是指一种平稳安静的情绪状态，它是人们正常生活、学习和工作时的基本情绪状态，也是基本的情绪要求。

情绪的强度有强、弱两极，如从愉快到狂喜，从微愠到狂怒。在情绪的强弱之间还有各种不同的强度，如在微愠到狂怒之间还有愤怒、大怒和暴怒等。情绪强度的大小取决于情绪事件对于个体意义的大小。

情绪还有紧张和轻松两极。情绪的紧张程度取决于面对情境的紧迫性、个体心理的准备状态以及应变能力。如果情境比较复杂，个体心理准备不足，而且应变能力比较差，人往往容易紧张，甚至不知所措。如果情境不太紧急，个体心理准备比较充分，应变能力也比较强，人不会太紧张，因而会觉得比较轻松自如。

第二节　女性情绪的特点

相比于男性，女性的情绪有明显的不同。

一、周期性

女性在生理期时，处于低潮状态，情绪也会随之受到影响，所以当女性处于生理期情绪不好时，要记得多多谅解，经期中的女性是需要呵护和保护的。

首先，学会识别情绪低潮的信号，并命名它。情绪低潮期并不可怕，它与人体每个月的内在激素变化有关。其次，识别自己是否处于情绪低潮期，判断情绪是否在自己可控的范围内。可以通过与他人的互动模式以及自己做事情的效率来判断。

简单的方法就是"列清单"。比如写日记，记录情绪状态。每当情绪起伏时，在日记本或手机便笺里记录下当下的心情，事后进行复盘。这样的方式显得有点笨，但也不失为一个好方法。从中总结出自己的情绪规律与模式。每每翻心情记录本，知道自己曾在哪一类事情上重复犯错。也可以纵向比较过去的自己和现在的自己，对于事件的情绪应对方式有哪些进步。最后，从行为上积极调整，改善情绪模式。越是处于情绪低潮期，越是要规律作息。该做的事情，只要能做，就尽量去做，不要让身体停下来，身体一停，脑子里的负面信息就越发活跃。如果你已经尝试过调整自己，情绪依然处于不可控范围，就去找人倾诉，找能够理解你、认同你、

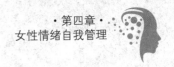

支持你的人倾诉。

二、反射弧长，情绪惯性强

情绪惯性指的是人类的情绪（个体和集体）受客观影响而变化，但情绪的变化滞后于客观的变化速度，导致情绪与客观不符。换句话说，人类的情绪总是滞后于反应所处的环境，受情绪影响，人当前的观点很可能不符合当前的客观事实，这会导致人做出错误的判断，失去机会或造成损失。

造成情绪惯性的重要原因之一是缺乏相关的信息。很多情况下，人很难全面掌握自己所不熟悉的行业信息，缺乏信息可能会直接导致人做出错误的判断。只有掌握充足的相关信息，才能让我们避免做出错误的判断。在信息不充足的情况下，我们可以根据经验来判断情绪是否与现实错位。

慢热是女性的普遍特点，情绪反射弧长。重大事件发生的当下，总要过上一段时间才能反应过来。在当时似乎感受不到这些情绪，而会在过后的某一个时刻里，感受到雪崩一般的情绪。

1. "反射弧长"的实质是什么？

这是一种心理防御机制。情感隔离是一种常见的防御机制，指的是个体将自己与某种不愉快或不舒服的情境隔离开来，不去面对可能由此触发的伤害或痛苦，在情绪进入意识之前将它隔离起来。你理智上知道"此处应该有情绪"，但实际上却无法意识到它。比如，你很清楚"我的亲人离开了"，或者"我们已经分手了"，你应当感到悲伤，但由于你将与之对应的情绪隔离在了意识之外，所以你在情绪上显得毫无波澜。人们平时说的"没有实感"就与这种防御机制有关。但情感隔离只是一种缓冲，不是一劳永逸的解决方式。我们很难做到将其永久地隔离，情绪终究会在某个特定的时刻冲破束缚住它的牢笼。

反射弧长也是一种创伤的结果。关于创伤的研究领域中，提出了滞后压力反应综合征，指的是那些在创伤事件发生后，当下表现得没有大碍，却在创伤事件过去较长一段时间后，才表现出的一系列的创伤后反应的现象，比如噩梦、记忆的闪回、情绪崩溃等。这种延迟的情绪反应，可能是神经系统在遭遇压力时的一种"冻结"状态。有学者认为，在早前就经历过未处理的重大创伤的人，更容易在遭遇创伤事件时进入这种冻结的状态。同时，早期的未处理创伤可能会影响一个人正常情绪能力的发育——包括感知情绪的能力、辨别情绪的能力，以及处理情绪的能力。不完善的情绪能力使得人们习惯性地和自己的情绪处于脱离的关系，且更喜欢用头脑和逻辑解决问题，情绪往往显得滞后于思考能力。

2. 情绪反应滞后，还有什么原因呢？

研究发现，当人们的注意力处于非常忙碌的状态之中时，对于情绪，尤其是负面情绪的反应速度会变慢。此时他们没有足够的认知资源去对事件做出及时、恰当的情绪反应。因为应对和处理激烈的情绪，尤其是负面情绪，是一件会耗费大量认知资源的事。

滞后的情绪反应还可能与抑郁有关，包括确诊的抑郁症患者和呈现出严重抑郁状态的人。研究表明，与不抑郁的人相比，抑郁者对情绪的感知能力和反应速度都显著下降了。一方面是由于抑郁造成的生理上的变化，另一方面则和抑郁者长时间处于反刍的状态之中，以及抑郁所引起的缺乏现实感有关系。

3. 如果情绪滞后带来困扰，该怎么做呢？

重建身心的一致性。身体知道关于"我"的一切——那些被刻意遗忘与压抑的、潜意识中的所有。而相对地，精神也在试图讲述它所感受到的"我"的身体所遭遇的一切。需要在发现身体出现异样的时候，去主动关注自己的情绪和心理状态。也要在陷入心理困扰的时候，学会照顾好自己

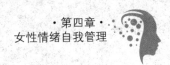

的身体。如此，才更有可能接近一种真正意义上的身心健康。

觉察并感受滞后的内涵。对于慢半拍的人来说，在一些让人悲伤、痛苦或愤怒的情境中感受不到情绪是比较常见的情况，但你还可以通过进一步的观察和反思，发现自己在哪方面的"反射弧"特别长。观察的结果可能是某个具体的场景，可能是某种特定的情绪。这个结果很有可能揭示了与之相关的方面，以及你未处理的创伤。比如，你发现自己在面对"告别"这个场景时情绪尤其容易滞后，或者滞后时间格外长，那么你或许应该认真追溯你在过去的人生中，是否有一次重大的、没有被处理好的告别——它可能正是这一切的开始。找到它之后，正视它，然后为它、为自己深深地哀悼。不管这场告别延迟了多久，只要你能够找到并处理它，它依然能成为打开你心锁的那把钥匙。

有意识地培养和提高自己的情绪能力。经过练习，能够对情绪更加敏锐，也能提高对情绪的调节能力。比如，可以有意识地学习更多表达情绪的词汇，而不仅仅停留在模糊和简单的"舒服"和"不舒服"。有时不知道感受是什么，是因为不能准确地命名它。学习和练习用语言表达情绪，是一种提高的手段。最重要的是，要永远将关注自己的情绪当作一件重要的事，要记住每一种情绪对我们而言都是有意义和价值的。

三、偏激和盲从

性情偏执不分性别，换句话说，女人和男人都有可能存有这类性情。性情偏执的女性在生活起居与工作上，主要表现为疑神疑鬼、过分敏感、自尊心过强，并且通常心胸狭小，易记仇。这类女性常常会莫名其妙猜疑他人，总觉得身边的人对她心怀不轨，并且这类女性的妒忌心非常明显。

偏激的女性对周边的人或事物比较敏感、疑神疑鬼、心胸狭小，非常容易羞涩，自尊心过强，对别人对自身的"忽略"倍感侮辱，心怀憎恨，

通常人际交往中反应过多，有时候造成拖累意识。常常无缘无故猜疑他人要损害、蒙骗或利用自身，或觉得有对于自身的诡计，对他人真诚的行为做曲解的了解，总觉得别人心怀不轨，猜疑别人的真心实意，警视四周。碰到挫败或不成功时，习惯于抱怨、责怪别人，推卸责任客观性。将自身的不成功归因于别人，不从本身找寻主观性原因。非常容易与别人产生争论、抵抗。经常出现生理性妒忌意识，猜疑直系亲属和恋人的忠实，限定另一方和异性朋友的相处，表现出巨大的傲慢。自傲、个人评价过高，对别人的过失不可以包容，给人一种蛮横无理的感受，固执己见地追求完美不科学的权益或支配权。

要常常提示不必陷入"敌人心理状态"的旋涡中。事前自身提示和警示，为人处世、待人接物时留意改正，那样会显著缓解成见心理状态和明显的心理现象。要明白只有尊重他人，才可以获得他人重视的基本道理。要学会对那些协助过你的人说感谢的话语，而不必不痛不痒地说一声"感谢"，更不可以爱理不理。要在日常生活中学会谦让和有耐心。日常生活的繁杂，矛盾纠纷和摩擦是免不了的，这时候务必谦让和冷静，不可以让怒火搞得晕头晕脑。

在日常生活中，一个女人若是缺乏主见，没有什么想法，常人云亦云，盲从别人的想法；抑或女人有自己的想法，却不能坚持自己的想法，虽有自己的原则，却不懂坚持自己的原则，女人的"耳根子软"，便很容易受他人影响，很容易放弃自己的想法与原则。最后没有实现自己想要的结果，女人会沮丧，会难过，会推卸责任，埋怨那些给自己建议的人。

女人若是缺乏主见，总是盲从他人的建议，如在感情上，她会因为别人的建议而答应和一个男人交往，也会因为别人的建议而和一个男人分手，最后常会觉得自己"太武断"，那个时候，再去后悔，也就无济于事了。聪明的女人，在生活中会保持独立，会有自己的想法，会坚守自己的原则，不会盲从别人的意见，她会坚持走自己的路，为自己而活，并为自己的选择负责。

四、易感性

受生理特征及性格的影响，女性一般都比较留意一些带有情感特征的生活事件，比如某个家庭是否和睦、某个小孩是否乖巧、丈夫与孩子的穿着打扮，以及社会上发型、服装的流行趋势等，而且在不少情况下，于不知不觉之时把自己也带进了这些事件之中，产生出与事件相应的情感变化和情绪活动，以自己丰富的内在情感，对与自己无关或不太相关的生活事件产生心理应对。

在日常的工作和生活中，女性大多关心着与自己相关的从大到小的言论和行为，并可能产生出与这些言论和行为性质不甚相符的情绪波动。比如来自单位领导的一句话或一个举动；来自周围环境中的某个熟人甚至自己亲人的某个言行等，对男性而言或许是无关紧要，无关大局的事，但对某些女性来说，则可能被认为是一桩大事而构成较为强烈的紧张刺激，引起较大而持久的情绪波动。

自我暗示这一心理活动，在女性中较为多见。无论是积极的自我暗示还是消极的自我暗示，都意味着一定程度的脱离实际，是带有较强感情色彩的主观意识。受情感或情绪的驱使，女性常常对发生在自己身上或自己周围的情况进行自我暗示，并在暗示的过程中产生较剧烈的情感变化，产生与实际相脱离的情绪活动。

女性大多心地善良，富有同情心，特别是对发生在亲朋好友、同事，甚至不相识的人身上的不幸事件，极易引发自己心中的共鸣，与人同悲，与人同愁。女性一般难以忍受发生在自己身边的让人悲哀的事，哪

怕受害对象是讨人喜欢的动物或植物。正因为如此，女性大多愿意帮助弱者，在社会、亲属和单位同事需要之时，力所能及地伸出援助之手。

过于繁忙的日子和紧张的精神情绪，往往对女性的心理造成较大的压力，所以她们容易在碰到某些不顺心的事情时产生较为激烈的情绪波动。女性情感丰富且细腻，对家庭、丈夫、孩子及未来的生活有自己美好的愿望，对社会环境中的人际关系也颇为在乎，而且在某些特定的情况下，甚至有忽视具体情况，强烈希望客观现状符合自己的主观意识的动机，因而极易在希望与现实之间出现差距时，产生急躁、焦虑等情绪变化。

与男性相比，女性的内在情感相对不易深藏和掩盖，在碰到不良刺激时，大多会将自己的情绪表现出来。比如在遭受悲哀刺激时，男性可能会强忍悲痛，把眼泪往肚里咽；而女性则大多会通过哭泣，让眼泪冲刷掉心中的痛苦。女性可能受性格、经历等的影响，在突然性的或较剧烈的紧张刺激来临时，其耐受能力相对较低，往往发生与男性不同的情绪及行为表现。如突受惊吓，女性表现出的惊恐情绪一般比男性明显，而且可能因此丧失相应的防御或逃避行为。

经、孕、产、乳是女性特有的生理功能，这些功能的正常与否，与女性个体的心理状况关系十分密切且相互影响，因疾病异常时，容易形成恶性循环。有关研究结果表明，妇女痛经、闭经、不孕、难产、缺乳等疾病或异常，均与心理失衡有密切关系，而且，如果缺乏及时有效的心理疏导，将使疾病与心理障碍加重。

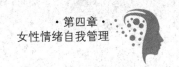

第三节　女性情绪自我认知

自我认知（self-cognition）指的是对自己的洞察和理解，包括自我观察和自我评价。自我观察是指对自己的感知、思维和意向等方面的觉察；自我评价是指对自己的想法、期望、行为及人格特征的判断与评估，这是自我调节的重要条件。自我认知也叫自我意识，或叫自我，是个体对自己存在的觉察，包括对自己的行为和心理状态的认知。

一、了解自己的情绪

许多先入为主的观点告诉我们，悲伤是不好的，恐惧是不好的，所以我们遇到害怕的事，遇到难以处理的事，会先定义为自己无力解决就是不好的。其实情绪无所谓正确与否，情绪是人的自然反应，你的情绪恰恰反映了你的感受。

认识情绪不仅是了解自己当下处于怎样的情绪状态，有怎样的情绪体验，更是要认识到情绪的存在以及细微的情绪差别。即使是消极的情绪，不代表这种情绪不应该存在。人非圣贤，孰能无过，圣贤也会出错，也会有不同的情绪体验。我们体验过快乐，体验过悲伤，体验过恐惧，每种情绪都能带来不一样的感觉，带来不同的表情反应和肢体反应，以及心理感受。

从生物进化的角度可把情绪分为基本情绪和复合情绪。基本情绪是人和动物共有的、不学就会的，也可以叫原始情绪。每一种基本情绪都有其

独立的神经生理机制、内部体验、外部表现和不同的适应功能。虽然关于情绪的种类有很多不同的分法，但比较通用的是将快乐、愤怒、悲哀、恐惧作为情绪的基本形式。在人类社会中，这几种基本情绪也是跨越种族、被普遍理解的。

快乐（happy）是个体精神上的一种愉悦，是心灵上的满足，也是个体从内心由内到外感受到的一种非常舒服的感觉。品尝美味、欣赏艺术、参与游戏、人际交往等都可以让个体产生快乐的情绪体验。快乐常见的表达方式就是笑，当人笑的时候总能伴随心灵上的愉悦与肢体上的舒展，而看到别人对你笑，也总能感到快乐。

愤怒（angry）不仅仅指当愿望不能实现或为达到目的的行动受到挫折时引起的一种紧张而不愉快的情绪，如今也存在于对社会现象以及他人遭遇甚至与自己无关事项的极度反感。愤怒是一种消极的感觉状态，一般包括敌对的思想、生理反应和不良行为。愤怒在人的成长过程中出现较早，出生3个月的婴儿就有愤怒的表现，限制婴儿探索外界环境能引起愤怒，例如，约束婴儿身体的活动，强制婴儿睡觉，限制婴儿的活动范围，不给婴儿玩弄玩具等，均可引起婴儿的愤怒。

悲哀（sad）作为一种负性情绪，通常是指由分离、丧失和失败引起的情绪反应，包含沮丧、失望、气馁、意志消沉、孤独和孤立等情绪体验。悲哀程度取决于失去的东西的重要性和价值大小，也依赖于主体的意识倾向和个体特征。

恐惧（fear）是指人们在面临某种危险情境，企图摆脱而又无能为力时所产生的一种强烈压抑情绪体验。恐惧心理就是平常所说的"害怕"，对人的身心健康危害最大的就是恐惧心理。

情绪很多时候不是单纯的快乐或者愤怒，而是不同情绪的组合，比如悲喜交加、焦虑、敌意等情绪的产生就是多个情绪的组合。这些情绪的组合叫复合情绪，不同的情绪结合，便会产生各种各样的复合情绪。人类的情绪是十分复杂且丰富多彩的。一直以来对于情绪的研究，都是心理学认知领域研究的热点。

情绪伴随着人的一生，既是一种反应，也是一种手段。在生活、工作中，我们往往要处理很多事情，也会产生很多种情绪。而情绪有时候难免就会影响到我们的日常，因此情绪的有效管理显得至关重要，做情绪的主人，而非被情绪掌控，是我们需要修行的一项重要课程。

二、家庭、成长的社会环境对情绪特质的影响

人的情绪都是在生命成长的过程中不断演化和发展而来的，在产生情绪并执着地认同这个情绪对自己的伤害时，心灵就会将这次的经历像种子一样存储在人的心智中，形成人的生命程序，在日后的生活中造成影响。如果未能得到及时的化解，情绪种子就会随着时间的推移以及生活中的种种遭遇而不断地发生变化，每当发生类似的感觉或情景时，情绪就会随时作用于人的生活，产生不同的命运。

1. 情绪影响人的行动力

积极的情绪可以提高人体的机能，能够促进人的活动，能够形成一种动力，激励人去努力，而且，在活动中能够起到促进的作用。消极情绪会使人感到难受，会抑制人的活动能力，使人活动起来动作缓慢、反应迟钝、效率低下；消极的情绪会减弱人的体力与精力，在活动中易感到劳累、精力不足、没兴趣。

2. 情绪影响智力

情绪积极、乐观的儿童的智力水平要比情绪悲观、忧郁的儿童的智力水平高。智力水平不只体现在智商（IQ）上，还体现在记忆、思维、创造、想象等众多方面。在学习中，应该保持一种积极的情绪，做到"乐

学"，这样会提高学习效果。因为，消极的情绪不仅对提高学习成绩没有帮助，而且会影响学习的效果。积极良好的情绪有利于人的智力的发展，有助于人取得好成绩。

3. 情绪具有传染性

情绪不仅影响个人的生活，也会影响身边人的生活。我们根据自己的经验可以知道，情绪具有传染性。当一个人情绪不好的时候，周围的人都会受到影响，大家先是感到心里不痛快，接着不知不觉中传染上坏情绪，继而又把坏情绪传给别人。比如你早上出门坐出租车，下车时司机找零给了你一张假币，你后来发现后，心情一下就变得很糟，到公司脸色还没缓过来，跟你打招呼的同事就会想是不是你对他有意见，他心里有气，转身就把气撒在正好进门的快递员头上，快递员没头没脑地被人训斥，很不服气，骑着摩托车在路上也就没那么礼貌了，拐弯时抢行一步，一辆轿车躲避不及撞上前面的车，两位轿车司机也开始互相指责。

三、正确表达情绪的重要性

以朋友约会迟到的例子来看，你之所以生气可能是因为他让你担心，在这种情况下，你可以婉转地告诉他："你过了约定的时间还没到，我好担心你在路上发生意外。"试着把"我好担心"的感觉传达给他，让他了解他的迟到会带给你什么感受。什么是不适当的表达呢？例如，你指责他："每次约会都迟到，你为什么都不考虑我的感觉？"当你指责对方时，也会引起他负面的情绪，他会变成一只刺猬，忙着防御外来的攻击，没有办法站在你的立场为你着想，他的反应可能是："路上塞车嘛！有什么办法，你以为我不想准时吗？"如此一来，两人开始吵架，别提什么愉快的约会了。如何"适当表达"情绪，是一门艺术，需要用心地体会、揣摩，更重要的是，要确实用在生活中。

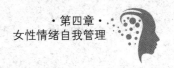

怎样正确地表达情绪呢?

1. 真实表达情绪

适当的情绪表达并不意味着盲目地忍让。在现实生活中,你经常遇到令人失望的事情。例如,一些同学可能想利用你给他做跑腿的工作,你不好意思拒绝。对于这些类似的经历,很多人觉得缺乏表达自己情绪的勇气,不敢表达自己的真实感受,怕对方不高兴。

这种压抑自己的情绪是一种不恰当的情绪表达,不利于自己的身心健康。以下做法大家可以参考一下:学会委婉地说"不"。朋友彼此应该互相帮助,如果可能的话,你应该给朋友提供帮助,但如果实在无法提供帮助,那么也要学会巧妙地拒绝,尤其是那些不情愿的事情。你应该学会先肯定对方的想法是合理的,然后拒绝。直接说"不"会伤害一个人的自尊,但是如果你觉得对方不讲道理,你应该学会直接说"不"。

2. 合理要求,不道歉

如果你在餐馆受到不公平的待遇,你应该为自己辩护。如果你在提出合理要求的同时做出道歉,会让别人觉得你有愧疚感,从而失去你的尊严。

3. 采取积极的暗示

有时你会因为不好意思而不敢拒绝别人,但自己又感到委屈和矛盾。这时,你不妨采取积极的暗示,既让对方明白又不会伤害到自己的面子。例如,你正要出去看电影,这时一个好朋友邀请你和他一起去购物,你可以给对方展示自己的电影票,这样,对方可能会意识到他已经干涉了你的行动计划,并为此道歉。

4. 事先说明你的意图

如果参加聚会,有同学请你喝酒,而你不想喝酒,你可以先发制人,说:"我非常开心参加这次聚会,但我真的不想喝酒。"这通常是有效的。

5. 必要时予以有力回击

在你的生活中总会有一些人令你讨厌，虽然你已经无数次地表达过你的不快和愤怒，但是他们依然我行我素。如果一次又一次地仁慈、忍受，你最终会受苦的。我们应该使我们的内心坚强，必要时，给予对方一些坚决的回击，以保护我们的自尊和权益，以免再次受到伤害。

6. 学习表达规则

适当的情绪表达应该符合情绪表达的规律。换句话说，该哭的时候哭，该笑的时候笑。如果你在悲伤的时候极力抑制情绪的爆发，或者遇到开心的事情却情绪低落，久而久之，不正常的情绪表达会让你感到精疲力竭，与周围的环境脱节。

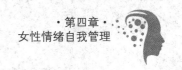

第四节　女性情绪自我管理

　　情绪管理（Emotion Management）是指通过研究个体和群体对自身情绪和他人情绪的认识、协调、引导、互动和控制，充分挖掘和培植个体和群体的情绪智商、培养驾驭情绪的能力，从而确保个体和群体保持良好的情绪状态，并由此产生良好的管理效果，用正确的方式探索自己的情绪，然后调整、理解、放松自己的情绪。

　　简单地说，情绪管理是对个体和群体的情绪感知、控制、调节的过程，其核心必须将人本原理作为最重要的管理原理，使人的情绪得到充分发展，人的价值得到充分体现；是从尊重人、依靠人、发展人、完善人出发，提高对情绪的自觉意识，控制情绪低潮，保持乐观心态，不断进行自我激励、自我完善。

　　情绪的管理不是指压制情绪，而是在觉察情绪后，调整情绪的表达方式。有心理学家认为情绪调节是个体管理和改变自己或他人情绪的过程。在这个过程中，通过一定的策略和机制，使情绪在生理活动、主观体验、表情行为等方面发生一定的变化。换言之，情绪固然有正面有负面，但真正的关键不在于情绪本身，而是情绪的表达方式。以适当的方式在适当的情境表达适当的情绪，就是健康的情绪管理之道。

　　情绪管理就是善于掌握自我，善于调节情绪，对矛盾和事件引起的反应能适可而止地排解，能以乐观的态度、幽默的情趣及时地缓解紧张的心理状态。

一、情绪管理从自我觉察开始

所谓情绪，就是喜怒哀乐，是伴随认识和意志过程产生的对外界事物的态度和体验，是客观事物与主体需要之间关系的反映。简言之，就是一切客观事实在心理的主观需求是否被满足的一种映射。如果需求满足，就会开心，反之则感觉挫败、失落或悲伤。任何一种情绪都对照一件客观事实。

情绪的自我觉察能力是指了解自己内心的一些想法和心理倾向，以及自己所具有的直觉能力。自我觉察，即当自己某种情绪刚一出现时便能够察觉，它是情绪智力的核心能力。一个人所具备的、能够监控自己的情绪以及对经常变化的情绪状态的直觉，是自我理解和心理领悟力的基础。如果一个人不具有这种对情绪的自我觉察能力，或者说不清楚自己的真实情绪感受的话，就容易听凭自己的情绪任意摆布，以至于做出许多遗憾的事情来。古希腊哲学家苏格拉底的一句"认识你自己"，道出了情绪智力的核心与实质。但是，在实际生活中，可以发现，人们在处理自己的情绪与行为表现时风格各异，你可以对照一下，看看自己是哪种风格的人。

体察自己的情绪就是时时提醒自己注意："我的情绪是什么？"例如，当你因为朋友约会迟到而对他冷言冷语时，问问自己："我为什么这么做？有什么感觉？"如果你察觉你已对朋友三番两次的迟到感到生气，你就可以对自己的生气做更好的处理。有许多人认为"人不应该有情绪"，所以不肯承认自己有负面的情绪。要知道，人一定会有情绪的，压抑情绪反而会带来更不好的结果，学会体察自己的情绪，是情绪管理的第一步。

若一个人情绪平稳，说明需求满足度很高，或者是情绪自我觉察能力很弱，也就是不敏感。女人的敏感缺陷有高低之分。情绪自我觉察能力是可以训练的。最初这种能力来自原生态家庭，婴儿时期父母对其需求满足

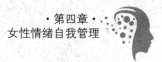

度高，渐渐就会在不被满足需求时反应强烈，从而变得敏感。

情绪自我察觉对快乐感很重要。觉察到自己快乐的客观事物后，可以强化这种快乐。比如兴趣爱好就是一种很好的快乐强化，同时对不快乐的事物理性远离，从而保持持续性的心理快乐状态。

二、情绪的疏与堵

生活中，谁都会有一些不良情绪，如果不断压抑它们，你就会越来越消沉，越来越疲累。因此，最好的办法是找一种不伤人的方式把不良情绪宣泄出来，这样你就会重新轻松起来。

一天深夜，一个陌生女人打电话来说："我恨透了我的丈夫。""你打错电话了。"对方告诉她。她好像没有听见，滔滔不绝地说下去："我一天到晚照顾小孩，他还以为我在享福。有时候我想独自出去散散心，他都不让；自己却天天晚上出去，说是有应酬，谁会相信！""对不起。"对方打断她的话，"我不认识你。""你当然不认识我。"她说，"我也不认识你，现在我说了出来，舒服多了，谢谢你。"她挂断了电话。

生活中，大概谁都会产生这样或那样的不良情绪。每一个人都难免受到各种不良情绪的刺激和伤害。但是，善于控制和调节情绪的人，能够在不良情绪产生时及时消释它、克服它，从而最大限度地减轻不良情绪的影响。

不良情绪产生了该怎么办呢？一些人认为，最好的办法就是克制自己的感情，不让不良情绪流露出来，做到"喜怒不形于色"。

但人毕竟不同于机器，强行压抑自己的情绪，硬要做到"喜怒不形于色"，把自己弄得表情呆板、情绪漠然，不是感情的成熟，而是情绪的退化，是一种病态的表现。

那些表面上看起来似乎能控制自己情绪的人，实际上是将情绪转到了

内心。任何不良情绪一经产生，就一定会寻找发泄的渠道。当它受到外部压制，不能自由地宣泄时，就会在体内郁积，危害自己的心理和精神，造成的危害会更大，因此，偶尔发泄一下也未尝不可。

有些心理医生会帮助患者压抑情感，忽略情绪问题，借此暂时解除患者的心理压力。患者便对负面能量产生一定的控制力，所有的情绪问题似乎迎刃而解了。

压抑情绪或许可以暂时解决问题，但是等于逐渐关闭了心门，变得越来越不敏感。虽然你不会再受到负面能量的影响，却逐渐失去了真实的自我。

你变得越来越理性，越来越不关心别人。或许你可以暂时压抑情绪，但在不知不觉中，压抑的情绪终将影响你的生活。

面对情绪问题时，心理医生的建议是：如果有人伤害了你，你必须回忆整个过程，不断描述其中的细节，直到这件事不再影响你为止。这样的心理治疗方式只会让感情变得麻木。你似乎学会了压抑痛苦，但是伤口仍然存在，你仍会觉得隐隐作痛。

另外有些心理医生则会分析患者的情绪问题，然后鼓励患者告诉自己，生气是不值得的，以此否定所有的负面情绪。

这些做法都不明智。虽然通过自我对话来处理问题并没有什么不对，但人不该一味强化理性，压抑感情。因为长此下去，你会发现，你已背负了沉重的心理负担。

一个会处理情绪的人完全能够定期排除负面能量，而不是依靠压抑情感来解决情绪问题。敏感的心是实现梦想的重要动力，学会排除负面情绪，这些情绪就不会再困扰你，你也不必麻痹自己的情感。

如果你生性敏感，当你学会如何排除负面能量后，这些累积多时的负面情绪就会逐渐消失。此外，你还必须积极策划每一天，积蓄力量，尽情

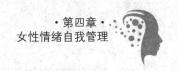

追求梦想，这是你最好的选择。

所以，聪明的人在消解不良情绪时，通常采取三个步骤：首先，必须承认不良情绪的存在；其次，分析产生这一情绪的原因，弄清楚为什么会苦恼、忧愁或愤怒；最后，如果确实有可恼、可忧、可怒的理由，则寻求适当的方法和途径来解决它，而不是一味压抑自己的不良情绪。

三、纾解情绪的方法

纾解情绪的方法很多，有些人会痛哭一场，有些人找三五好友诉苦一番，另有一些人会逛街、听音乐、散步或逼自己做别的事情以免总是想起不愉快。要提醒各位的是，纾解情绪的目的在于给自己一个厘清想法的机会，让自己好过一点，也让自己更有能量去面对未来。如果纾解情绪的方式只是暂时逃避痛苦，而后需承受更多的痛苦，这便不是一个适宜的方式。有了不舒服的感觉，要勇敢地面对，仔细想想，为什么这么难过、生气？我现在怎么做，才不会在将来重蹈覆辙？怎么做可以降低我的不愉快？这样做会不会带来更大的伤害？根据这几个角度去选择适合自己且能有效纾解情绪的方式，你就能够控制情绪，而不是让情绪来控制你。

1. 当你觉得没有自信，总觉得不如人的时候该怎么办？

·停止批评和责难自己。

不断苛责自己，说丧气话的人，通常是对自己不够肯定的人。要对自己温柔点，是建立自信的第一步。可以拿支笔列出你不断责骂自己的话语，并且自问看到这些话会有什么感觉，这样的责骂是否对自己有好处。最后发现是没有好处的。因此，一定要下定决心停止这种责难。如果一时还做不到，不妨先把注意力放在已经做好的部分，告诉自己做得有多好。

·学习积极正面的自我对话。

我们的内心都有一部投影机，每天读出成千上万的画面与情绪。除了要停止负面的批评，还要积极输入一些正面的鼓励。写一张自己的履历表，把所有的优点都列上去，每周浏览一次，作为自我对话的脚本，在忍不住要责骂自己之前，先想想自己还有哪些优点，自己并没有想象中那么糟。

·停止和别人比较，珍惜自己所拥有的。

别再羡慕别人的太太多漂亮，或嫉妒别人多会赚钱，许多痛苦和不平就是从"跟别人比较"开始的。不妨拿支笔写下自己的优点，要列出自己所拥有的，要和自己比，也要学会珍惜。

2.当你伤心难过时，如何为自己打气？

·快走或跳个有氧舞蹈。

科学家早就发现，运动能舒缓郁闷，改善心情，因为它能刺激神经传导物质的分泌，像是脑啡肽、5-羟色胺和多巴胺。

·找朋友聊聊天。

孤立的人容易郁闷痛苦，许多专家都建议，发生事情或心情低落时，一定要有朋友在身边。密歇根大学的研究则进一步指出，不只是找到支持的力量，还要有归属感，要找那种可信任、可依赖的朋友给予我们支持与帮助。

·养只宠物。

研究也发现，养宠物的人相对不容易得心脏病，这都是因为心情舒缓的缘故。抱抱它、逗逗它，都能带来快乐。

3.当你对未知的事情担心忧虑，该怎么做？

·用概率来排除心中的忧虑。

真正困住你的，并不是目标本身，而是你对恐惧的想象。想想看：这

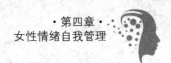

件事发生的概率究竟有多大？仔细研究你会发现，大部分担心的事从来没有发生过，我们会在某一刻把后果想得很严重，可那并非现实。

·面对已经发生的事实。

如果担心的事情已然发生，不妨利用以下几个步骤调整自己的心态。先问自己：最坏的情况是什么？分析出最坏的情况后，接受它。此时，才有余力进一步思考：我能不能在最坏的情况下做些改善？积极的心态是解决问题的第一步，聪明的人不会任由情绪占用行动的时间。我知道生命中有许多麻烦事，但这些事大多数并没有发生。

4.当你觉得愤怒生气的时候该怎么做？

·先深呼吸。

把气吐出来，也把气缓下来。从 1 数到 10，看看自己要数几次，才能把气缓下来。

·区别轻重缓急。

稍微舒缓后，再问自己：我需要生这个气吗？想想发怒的原因。或是：我有必要这么生气吗？区别此事的轻重缓急。

·培养同理心。

想想："如果我是对方，我会说同样的话、做同样的事吗？"如果会，大可不必这么生气，试着从对方的角度看事情，试穿别人的鞋子，培养同理心。

·善待自己。

有必要拿别人的错来惩罚自己，损害自己的健康吗？所以，也就不气了。仇恨的怒火，将烧伤你自己。

·正念冥想。

在情绪被压得喘不过气时，要善用策略性暂停，也就是让自己的大脑暂时停止思考。正念冥想就是一种很好的方法。

最简单的正念练习——观呼吸。观察自己的呼吸，是最简单的正念练习方法。觉察自己的呼吸，是快速使身心重建联系的途径。呼吸使我们立刻回到当下。连绵不断地观察整个吸气过程和整个呼气过程，包括上一次呼吸和下一次呼吸之间短暂的停顿。一吸一呼，心里默数1（注意不要出声），再一吸一呼，心里默数2，一直数到10，再从1开始数。仅仅是观察，而不用努力去使呼吸发生变化，或者期望呼吸发生变化。观呼吸的姿势要点是立身中正。自然舒展，使脊柱拉长而不要低头、蜷缩、歪斜、后仰。以闭目盘腿坐直为好，此姿势最容易使人专注于呼吸，但其实，站立、行走甚至游泳时，同样可以做观呼吸的正念练习，所以随时随地都可以练习。观呼吸的正念练习有个心态要点，就是不带任何期望，换言之，"无得"。不要期望通过这个练习来更放松、更舒适，或改变什么、达到什么、收获什么，否则很难有收获。

·想想愉快的事。

闭上眼睛，回忆过去一次愉快的旅行，像是美丽的溪水，宽广的步道。或是回味一下小孩的童言童语，另一半的爱意与温暖。研究发现，愉快的感觉能重新调整内部的生理时钟，获得短暂但直接的休息。

·向外界求助。

如果一件事情超出了能力范围，却还要硬扛，给自己施加压力，为何不考虑去找人帮忙呢？要记得，自己不是万能的超人。找出事情的优先级，把事情简化，都是舒缓压力的好方法。

四、女性常见的情绪疾病

1.焦虑症

焦虑症会在家庭生活或工作受挫折、亲人病故、发生人际关系冲突等较强的心理因素刺激下发病。患者异常的心理表现是：心情沉重，缺乏安全感，总觉得别人在危害自己，常常预感到最坏的事情将要发生，出现莫名其妙的大祸临头感，而经常心烦意乱，坐立不安。同时，伴有自主神经功能紊乱而导致的躯体症状。如手指麻木、四肢发凉、胸部有压迫感、食欲不振、胃部烧灼感等。

2. 忧郁症

任何人都可能因为各种因素而被这个病缠上。忧郁症的并发，通常都是几个生理和环境因素相互配合影响所造成的。除了心理和环境压力以外，忧郁症患者也因为脑神经传导物质 5- 羟色胺不足，而陷入沮丧情绪当中。过去，心理疾病对社会或个人所造成的负担和压力常常被忽视。但目前，心理疾病，包括忧郁症，已经严重地影响了全球社会。如果人们仍然不愿意面对、正视忧郁症所能够造成的破坏，那么这个病症将更容易有机可乘，侵蚀无助的患者，把他们推向深渊。

3. 神经衰弱

神经衰弱是因长期过度紧张、思想负担重等负性情绪以及极度疲劳引起的大脑高级神经系统失调的一种疾病。神经衰弱的异常心理表现是：经常头痛、头晕、烦躁，既易兴奋又易疲劳，夜间难以入睡，精神萎靡，注意力难以集中，记忆力衰退，情绪激动等。

4. 癔病

癔病也称歇斯底里，大多由强烈的精神刺激、心理受到伤害导致大脑失调，呈现出心理变态。患有癔病的妇女表现出意识模糊、阵发哭笑、胡言乱语。反应强烈时，抓自己的头发，撕咬衣物，说唱谩骂，打滚，撞墙，无所顾忌。患者还不同程度地出现运动障碍、感觉障碍。如突然四肢抽动或全身挺直、失明、耳聋、失语等。此病患者大多数是中年妇女，以农村妇女居多。

5.更年期综合征

女性的更年期又称绝经期，指最后月经来潮前后的一段时间。人的一生要经历两次性激素的波动，第一次波动是性激素的"涨潮"，它使人从稚童进入了青春期；第二次波动是性激素的"退潮"，它使人从壮年转入更年期。妇女更年期综合征的症状，从心理方面看，表现为精神紧张、烦躁激动、情绪不稳、忧虑多疑、易怒等。

五、女性不同年龄阶段的心理保健

1.年轻：多见焦虑症、失眠、癔病

年龄小于30岁的女性，家庭和事业处于上升期。因为种种担心，会出现对害怕失去婚姻和工作的恐惧。过分焦虑而导致失眠，甚至对事情产生臆想和臆断。心理疾病在担心和恐惧中产生了。

2.中年：多见抑郁症

年龄小于45岁的女性，家庭和事业都比较稳定。但因为越来越忙碌的工作，家庭里上有老、下有小需要照顾，不少中年女性长期压抑自己的情绪，抑郁症就产生了。

3.老年：多见更年期综合征

年龄大于50岁的女性，孩子上学离开，自己又即将面临退休。生活状态的改变，是造成疾病的重要心理因素。雌激素减少，绝经期到来，内分泌紊乱，都是造成更年期综合征的重要生理因素。

自我缓解法：通过书籍和最流行的网络，学习一些健康向上的保健资讯。关爱自己，不要过分关心自己的不良情绪。遇到挫折，迎难而上的态度好过软弱退缩。不开心的时候，和朋友一起疯狂好过一个人发呆。

当你持续存在下述症状之一，就该去看医生了：喜欢独处，做什么

事情都无精打采；不停说话或难以平静；借酒浇愁；无缘由地发脾气，或性格突然改变；入睡困难或早醒；注意力不集中，记忆力减退；生理周期改变；1个月内明显消瘦或者发胖。只要上述症状持续超过2周还没有缓解，就应该去看医生了。告诉他们你的烦恼，让医生来为你解决吧。

六、女性消除心理压力的方法

1. 学会自我调适，及时放松自己，保持心理的平衡和宁静

精神长期高度紧张的职场女性应学会自我调适，及时放松自己。如参加各种体育活动；下班后泡泡热水澡，与家人、朋友聊聊天；双休日出游；还可以利用各种方式宣泄自己压抑的情绪；等等。另外，在工作中也可以放松，如边工作边听音乐；与同事聊聊天、谈谈笑话；在办公室里来回走走，伸伸腰；打开窗户，临窗远眺，做做深呼吸等。保持心理的平衡与宁静，要养成开朗、乐观、大度等良好的性格，为人处世应该稳健，要有宽容、接纳、超脱的心胸。

2. 合理安排工作和生活，制定切合实际的目标，正确处理人际关系

职场女性之所以精神高度紧张，一方面是由于工作量大，另一方面也和白领自身处理问题的态度和方法有关。如众多白领以为只有拼命干，才能得到上司的赏识和加薪、晋升；还有的对工作缺乏信心，常常担心自己被炒鱿鱼，或被别人超过；等等。在工作方法上也有问题，如工作不分轻重缓急，事无巨细都亲自干，工作效率低等。对此，白领应学会应用统筹方法，以提高工作效率。在工作和生活上，应有明确界限，下班后就应充分休息，而不应还惦记着工作；多参加体力活动，以做到劳逸结合、脑力劳动和体力劳动结合。

3. 增强心理品质，提高抗干扰能力，培养多种兴趣，积极转移注意力

由于客观原因，白领大多不得不处在一种工作压力较大的状态下，一方面要积极调适放松，另一方面应积极增强自己的心理品质。如调整完善自己的人格和性格，控制自己的波动情绪，以积极的心态迎接工作和挑战，对待晋升加薪应有得之不喜、失之不忧的态度等，通过这些提高自己的抗干扰能力。生活中白领应有意识地培养自己多方面兴趣，如爬山、打球、看电影、下棋、游泳，等等。培养多样兴趣，一方面可及时地调适放松自己，另一方面可有效地转移注意力，使个人的心态由工作中及时地转移到其他事物上，有利于消除工作的紧张和疲劳。

4. 寻求外部的理解和帮助

白领如果产生心理问题，可经常向家人、知己倾诉，心理问题严重的可去寻求心理医生的治疗。寻找机会，参加有关心理学的培训和学习，如美国和加拿大等国的许多大企业就要求员工参加工作压力管理和减压等心理训练课程的学习，同时这些国家也要求企业提供学习、训练的机会。

5. 暴力减压

随身带个小皮球，郁闷时偷偷捏一捏。美国一个专为男性白领排忧解难的服务网站建议：随身携带一个网球、小橡皮球或是什么别的东西，遇到压力过大需要宣泄的时候就偷偷地挤一挤、捏一捏，显然要比掐同事的脖子，在大家目瞪口呆之下歇斯底里地撕废纸、捶桌子要好得多。

6. 中午小憩20分钟，多喝橙汁

如果工作的劳动强度较大、任务比较重，中午利用休息时间小睡20分钟是非常有利于恢复体力，减轻疲劳感的。另外，多喝一些橙汁，不仅能补充身体所需的维生素，还能增强抵抗力，预防疾病。

7. 深呼吸，画鬼脸

遇到这种情况，最好的办法就是离开办公室，花10分钟的时间做深呼吸，自我调节情绪，让自己恢复平静。回到办公室后，在白纸上画几个鬼脸，将白纸揉成一团扔到垃圾桶里。这个动作看似简单，实则意义重大，它象征着你把心中的郁闷和不满都抛到垃圾桶里了，让你远离不幸的阴影。

8. 对着镜子微笑，自我激励

现实与理想总是有些差距的，当面对枯燥无味的工作，与其成天唉声叹气、无精打采，不如学会自我激励的方法。心情郁闷时，可以去洗手间对着镜子微笑，告诉自己一定能克服困难，努力就会有所收获。这种自我激励的心理暗示能减少你的负面情绪，让你信心倍增，做事更加积极、主动。

9. 大吃一顿

一直以来都有吃甜食能减压的说法，而在女人眼里，好吃的东西都能减压。在社会上，少不了要受点委屈、遭点挫折，或在单位里被领导训了一顿，或是朋友间起了误会，或是中了竞争对手的黑招。如果你正被这些事牵绊而导致心绪不宁，不妨放下工作，好好大吃一顿。吃完后胃会得到满足，人也开心许多，刚刚纠结的问题也瞬间清晰了。

10. 运动

运动既能减压，还能锻炼身体，可谓一举两得。

11. 逛街

女人心情不好时，有个招百试百灵，就是逛街。可想而知，在女人眼里，逛街是让她们最开心的事。而且，逛街还有个好处，它会激发你的正能量。因为只有努力挣钱，才能让自己买得开心。所以，钱能买来开心还是有一点道理的。

12. 找人宣泄

压力大不能憋着，要么想通，要么发泄出来。那么，最好的发泄方法

就是说出来。可以找个空旷的地方大声吼出来，也可以找可靠的朋友把心里的不满说出来。当然，找朋友还有一点好处，就是说完后她会想办法开导你、安慰你，甚至会逗你开心，所以你会好得更快。

13. 哭出来

哭能解压已经不是什么秘密了，看似软弱，却很有效。如果无法直接流泪，可以看一本悲伤的书或看部悲伤的电影，酝酿感情后，放声哭出来。哭完后睡一觉，就什么事都没了。

第五章

女性心理压力管理

心理压力的自我调控能力是指控制自己的情绪活动以及抑制情绪冲动的能力。心理压力的调控能力是建立在对情绪状态的自我觉知的基础上的，是指一个人如何有效地摆脱焦虑、沮丧、激动、愤怒或烦恼等因为失败或不顺利而产生的消极情绪的能力。这种能力的高低，会影响一个人的工作、学习与生活。当心理压力的自我调控能力低下时，就会使自己总处于痛苦的情绪旋涡中；反之，则可以从情感的挫折或失败中迅速调整、控制并且摆脱而重整旗鼓。

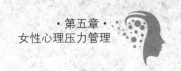

第一节　女性心理压力特征及压力源

在现代心理学的研究对象中，一般把人的心理现象分为三大范畴，即心理过程、心理状态和个性心理。心理状态是指心理活动在一段时间内出现的相对稳定的持续状态，是介于心理过程和个性心理之间的中间状态，是心理活动和行为表现的一种心理背景。事实上，心理压力既不可能是一种独立的心理过程，也不可能是个性心理，而只能是一种心理状态。心理压力作为一种心理状态，是个体对压力事件的反应所形成的一种综合性的心理状态。

心理压力与压力事件密切联系，个体有心理压力必有压力事件存在。心理压力是对压力事件的反应而形成的一种综合性心理状态，没有压力事件，个体心理压力无以形成。人的心理产生的基本方式是反射，是有机体对一定刺激的反应活动。人并非对任何刺激的反应都形成心理压力，一般有心理过程并不一定形成心理压力。只有当个体意识到他人或外界事物对自己构成威胁，即对压力事件进行主观反应时，才可能形成心理压力。

一、现代女性的心理需求

恩格斯曾把人的心理活动誉为"地球上最美的花朵"，而女性的心理活动则是花中之冠。女性心理特征最突出的表现是比男性更富有感情。这是因为女性的神经系统具有较大的兴奋性，对任何刺激反应都比较敏感，无论是愉快的，或是厌烦的，都会通过表情和姿态表达出来，如脸红、

哭、笑、发怒、喊叫，等等。

女性最容易接受暗示，各种形式的催眠术对她们很有用，因此女性常被迷信活动所迷惑。女性因其母性本能，大多富于同情心、怜悯心和爱心。她们往往在慈善事业和人道主义活动中做出贡献。

女性的弱点是脆弱、胆小、藏不住话，做事不敢冒险，好背后议论人。由于女性生理和心理特点，女性犯罪明显少于男性，一般估计为1∶6。但有时女性一旦犯罪，其情节往往极为凶恶、残忍。

爱美是女性的天性。她们举止文雅、娇柔，在社交活动中最受人爱慕。她们的形象思维强于男性，适于从事音乐、戏剧、美术、舞蹈、唱歌等艺术工作。

女性的虚荣心和自尊心较强，不愿意别人说她的短处，对伤害过自己的人往往耿耿于怀。但一旦她做了伤害别人的事，虽然后悔，却不愿意公开道歉。现代化的家庭，丈夫对她言听计从，往往使一些女性产生自我优越感。如果她们自不量力，对丈夫求全责备，势必影响夫妻感情。因此，现代女性更应注意提高自己的心理素质。

典型需求如下。

1. 女性愿意平等的礼尚往来

真正珍惜爱情的女性，一般对贵重的礼物持审慎态度，因为一件贵重的礼物会让她想到，这个男人是在试图收买她的感情，将她看成奇货而不是一个活生生的人。恰当的、量力的、显示关注和体贴的礼物，使女性感到温馨，没有沉重感。总之，保持与人平等的交流是显示她们自身尊贵的所在。

2. 女性需要年轻美貌的恭维

这对已婚有子女的女性尤为重要。无论到何时，年轻美貌都使她们占尽便宜，于是要年轻要有魅力的渴望变成了巨大的压力，她们如果体重多了几公斤，脸上出现几许皱纹，便觉得自己已被时代驱赶出来，精神随之颓废。她们往往需要男人用一句特别赞美的语言去鼓励她们，如"我喜欢你这种发型"或"你穿这身衣服真美"等。

3. 女性的爱情比男性更实际、更执着

女性更多地着眼于择偶的实际考虑，比如，女性着重伴侣身上的长期品质，诚实、有才干、富于同情心，等等。她们远比男子更善于把握自己的激情，即使她们渴望被爱。她们也会在采取行动前反复考虑：我可以依靠这个男人吗？因此想追求这样女性的男性，最好延长其求爱的时间表。

4. 女性在乎事业的成功

当今女性很清楚，没有事业的成就和职业的收入就谈不上男女平等。因此她们希望自己的丈夫或男友认真重视她们的工作，哪怕是稍微一点点的成就。

5. 女性需要独处以做休整

她们最容易生气、烦躁，因而在丈夫、男友面前常提出让她们自己单独待一会儿的要求。在工休假期，女性特殊的心理需要是采购、阅读、恢复精力及进行其他的自我调节。通过独处，她们会完成心理上的调节，使自己更适于她们的角色。

6. 女性寻求有同情心的耳朵

一次简短的交谈对于男性和女性可能有迥然不同的意义。对于男性来说，交谈是提出问题，辩论是非以及找出解决的办法，为此他们可能老是打断谈话的女伴，直到她明白为止。而女性更多地将交谈看作与听者分享其感情的一种渠道，她们往往说个不停，直到觉得好受为止。男性不愿涉及个人隐私和感情，而女性恰恰津津乐道这类话题。男女在共同游戏时，女性对双方都感兴趣，而男性只注意游戏本身。

二、职业女性心理压力产生的原因

职业女性之所以出现以上种种身体衰退与病变的症状，主要原因在于心理压力过大导致的，而心理压力又是由多种原因交织在一起长期集结而成的。

1. 传统思想观念的束缚

传统思想观念强调女子足不出户、相夫教子、遵从三纲五常，还有受传统社会分工模式的影响，在男女分工上强调男主外、女主内等思想，使得现代职业女性在扮演家庭角色与工作角色时会面临巨大的心理压力，一方面职业女性受传统思想影响承担生育抚养下一代、赡养老人以及家务劳动的责任，据资料显示，有85%以上的家庭做饭、洗碗、洗衣、打扫卫生等日常家务劳动主要由妻子承担。女性平均每天用于家务劳动的时间达4.01小时，比男性多2.7小时。另一方面，作为进入职场的职业女性，她们会有着巨大的工作压力。人们认为女性由于受生理、心理等因素影响，人力资本积累能力低于男性，这种偏见使她们必须更加勤奋努力，比同等层次异性员工做得更好才会有机会得到老板的赏识和升迁。所以传统思想观念的束缚让职业女性完全不能从琐碎的家庭事务中解放出来而全身心投入工作中去，这就造成了职业女性在承担家庭角色与工作角色上承受过重的心理压力。

2. 现行制度环境的缺失

在倡导男女平等的时代，我们的社会制度已经赋予了女性与男性同等的权利，比如说女性享有的受教育权、选举权、参与就业、参政议政等权利，已是社会的一大进步，但是在现实生活中，女性在进入职场、实现自身价值的过程中，会遭受各种各样的歧视，其应有的权利得不到相应的保障，这些歧视和权利的保障缺失对职业女性的身心同样造成了巨大的心理

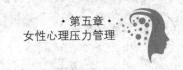

压力。

相关的劳动法律法规政策仍不完善，致使职业女性在劳动力市场上因性别歧视而遭遇较大的心理压力。

《中华人民共和国劳动法》第十三条明确规定："妇女享有与男子平等的就业权利。在录用职工时，除国家规定的不适合妇女的工种或者岗位外，不得以性别为由拒绝录用妇女或者提高对妇女的录用标准。"但是在企业实际操作运作过程中，作为经济利益体的雇用单位，在考虑用工成本的基础上，会在各式各样的招聘广告中时不时暴露着性别歧视的阴影，如"男性优先""仅限男性"，等等。劳动和社会保障部曾对 62 个定点城市做过调查，结果显示：有 67% 的用人单位提出了性别限制，或者明文规定女性在聘用期不得怀孕生育。无视国家和政府法律法规、钻法律漏洞的企业及相关用人单位，致使职业女性在工作职场上同样面临着较大的心理压力。

人们普遍认为，在工作中女性人力资本积累能力低于男性，在同等工作、同样能力情况下，女职工工资低于同岗位男职工的现象也随时可见。在有些单位的用工合同和规章制度中甚至带有"女职工 5 年内不得生孩子""女职工怀孕即解除合同"等违法条款。

3. 自我价值实现的期望值过高

追求事业发展和提升的职业女性，大部分都有追求完美的心态，对工作、家庭和感情生活期望值都很高，这是造成心理压力过大的最主要和最直接的原因。职业女性事业心和责任心很强，总是试图达到工作上的高标准、事业上的高目标，因而她们的工作强度很大。据调查显示：50% 左右的普通高校女教师每天工作时间在 10 小时以上，最长的日平均工作时间为 17 小时，超过 44% 的女教师没有娱乐和身体锻炼时间。这说明她们在职场中奋力拼搏，超负荷地运转，而一旦由于自己能力或客观条件的限制

而达不到预期的目标时，就会产生巨大的心理压力，影响着职业女性的身心健康。

三、女性员工心理压力分析

据世界卫生组织报告，全球女性患有抑郁症、焦虑症等心理问题的概率明显高于男性。而且在全球 4 亿人的焦虑症患者中，有 3.4 亿人情绪紊乱，女性则占绝大多数；例如在英国，约有 65% 的精神病患者是女性；而在所有的女性当中，约有高达三分之一的人经常有抑郁和焦虑等症状；最为严重的是，在世界范围内女性患有抑郁症的概率几乎是男性的 3.5 倍。如此堪忧的状况，足以让我们每一个人提高警惕，也提醒我们每一个女性应该拿出更多的时间和精力来关注自己的心理健康。

人类步入 21 世纪，女性在家庭、社会中的特殊作用已被广泛承认并有了新的诠释，女性人力资源在社会发展中越来越显示出其重要地位。但同时，一个不容忽视的问题是：女性心理健康状况越来越成为影响女性人力资源优势充分发挥的重要因素之一。对于现代女性来说，日益增大的生活压力和出色扮演好社会和家庭双重角色的需要，都让她们的心理负担较重。

职业女性在工作和生活中因主体应付能力与客体要求不平衡而容易形成心理压力。职业女性的心理压力主要表现为两种结果：一是职业女性躯体疾病，二是早衰。

人是身与心的结合体，心理压力过大容易导致躯体疾病与早衰。心身疾病也称为心身障碍，是指由心理社会因素诱发的躯体功能紊乱或器质性损害。有数据表明，中国 95% 的女性出现了早衰现象，80% 的女性出现疲劳综合征。长期生活在压力中，会加速女人衰老的进程，心理压力是加速职业女性衰老的重要因素。对于职业女性来讲，心理压力呈现出的表象特

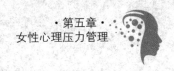

征是身体机能的病变与早衰。

1. 职业女性的心理疾病

职业女性的心理疾病主要表现为神经官能症，神经官能症是由大脑机能活动暂时性失调而引起的心理障碍或异常。职业女性心理疾病表现为持久的心理冲突，伴随注意力不集中、记忆力减退、工作效率降低等；情绪失调，表现为情绪波动、烦躁、焦急、抑郁等；睡眠障碍，如失眠、做噩梦、早醒等；有疑病性强迫观念，有各种明显的躯体不适应感，有慢性疼痛，急性头痛，腰痛，但检查不出器质性病变，从而对社会和家人造成巨大的伤痛。社会习惯要求女性富有奉献精神，但往往在需要关注她们的时候却忽略了她们面临的较大心理压力。

一家权威女性调查机构发现，近95%的职业女性在承受各种压力，有31%的女性认为自己的压力大过男性，有58%的女性认为承受的压力"永无休止"，有28%的女性为"不能适应竞争"担惊受怕。同时承担家庭和工作重担的职业女性，面临着包括上述的几大压力源：就业压力、竞争压力、婚育压力、家庭压力等。特别是对28~40岁年龄段的职业女性来说，人际关系、年龄恐慌、角色冲突，是困扰她们最大的心理压力。

2. 就业压力

从就业压力上看，根据对女性不同年龄阶段生存压力构成的分析可以看出，随着职业女性年龄的增长、社会经验的增加和工作经验的积累，就业压力逐渐减小。单位喜欢拥有一定经验，家庭稳定的女性（30~45岁）。而现在却往往因为考试聘用，把这些年龄偏大、记性反应偏差的女性（40岁以上）给淘汰。

3. 竞争压力

从竞争压力上看，激烈的竞争压力始终贯穿职业女性的职业生涯，并占据主要地位。俗话说职场如战场，不进则退，也是很多职场女性的压力源

泉。再从知识和技能的更新压力上看，为了社会的进步与发展，也为了应对当今激烈的竞争，知识和技能需要不断储备和更新，也是导致职场女性产生压力感的重要原因，她们一方面得克服工作、家庭的压力，另一方面得不断给自己充电，这样才能适应日益发展的工作需要，才不被社会淘汰。

4. 婚育压力

生育面前担忧多。高层次女性不愿意、不敢生育，而非公有制企业执行孕产期特殊保护政策不规范，又不同层面地造成职业女性面对生育产生了种种担忧。"三高"（高学历、高收入、高职位）职业女性，尤其是外商投资企业的女性，在高度竞争压力下，为职业发展而不敢生育，错过了最佳生育期。

上海市总女工部透露，辞退处于孕产期女职工的现象，在非公有制企业中还是时有发生，而且手段隐蔽。许多企业主知道辞退处在孕产期的女职工是违法行为，于是寻找各种理由，以违纪为由逼迫或诱导女职工辞职。不少女职工因为不了解有关的法律法规或者没有精力与企业周旋，不得不妥协。

5. 家庭压力

如今社会的转型和发展，使人们一方面希望女性外出工作挣钱补贴家用，另一方面又希望她们不放弃自己的传统责任：照顾家庭、子女与父母。这就使已婚职业妇女极易陷入两难的困境，并且可能受到伤害。可是一些丈夫不顾这个事实，依然认为妻子在各个方面为家庭多做贡献是理所当然的，很少从思想上、行为上给予帮助。

四、心理压力的生理性症状

八成以上的身体疾病与压力有关！这是美国心理学家霍曼 2005 年对近 20 年发表的研究成果进行追溯后得出的结论。美国压力管理协会同样指出，75%~90% 的初期内科疾病是由压力引起的。也就是说，在内科的病人当中，七成到九成主要是由压力而引发的各种各样的躯体症状。

压力大的时候，消化系统是反应最敏感的，人可能会吃不下饭。压力也会对我们的睡眠造成影响，我们常说晚上"有心事"所以睡不着，其实就是压力没有得到有效的释放。哈佛大学研究发现，生活在极度压力状态下的人比无忧无虑的人突发心脏病的概率要高 4.5 倍。

压力猛于虎，压力可以对身体造成名副其实的伤害。从肠易激综合征到脱发，都可能是压力引发的。

1. 肠易激综合征

肠易激综合征影响了约 1 300 万英国人和 4 500 万美国人。七成医生说这是他们在临床中最常见的消化道病症。尽管症状因人而异，疼痛都是由肠道中的肌肉痉挛引起的。肠易激综合征至今病因未明，但专家们一致认为压力是其中最常见的元凶之一。

事实上，在一次肠易激综合征调查中，94% 的英国医生认为，患者最常见的触发因素是压力。人们普遍认为，大脑和消化系统之间存在着复杂的联系，这就是为什么我们的心情常常会影响我们的肚子。

压力可以改变肠道和大脑之间的连接，并影响胃肠道的运动和收缩，因此肠易激综合征患者可能对压力非常敏感。虽然完全避免压力几乎是完全不可能的，但仍有一些事情可以在一定程度上帮助你。尝试做运动，或尝试一些新的呼吸技巧，可以帮助你保持冷静。与别人交谈或与朋友做一些你喜欢的事情也很有帮助。

2. 大量出汗

科学家们有多种理论解释人们在有压力的状态下容易出汗的状况，其中包括"这是一种示意给周围的人，有人正在遭受痛苦"的论调。然而压力引起的出汗主要来自你的顶浆分泌腺。

当我们的身体处于压力模式（或称为"飞行模式"或"战斗模式"）下，这些腺体就会将汗水推到我们的皮肤表面。

3. 磨牙

磨牙可以由几个因素引发，包括潜在的睡眠障碍、压力和焦虑，或是饮食中摄入如酒精和咖啡因的结果。

4. 脱发

长时间增长的压力会引起脱发。

在大多数情况下，通过适当的方法减少压力并且妥善保养，头发都会重新长回来。

5. 失眠

压力和失眠存在密切联系。在大多数失眠的情况下，减少压力会减轻失眠的状况，使人们更容易入睡并改善睡眠质量。由压力引起的激素诱导我们的身体进入所谓的觉醒，这些激素会破坏睡眠和觉醒之间的平衡。

当我们有压力时，会经常发现自己躺在床上盯着黑暗，同时不断思考我们所有的烦恼。有几件事情可以为身体做睡眠的准备。在睡觉前至少两个小时，避免看所有的屏幕，因为这已被证明会打扰睡眠。每天晚上在同一时间睡觉，每天早晨在同一时间起床。每日运动也被发现会增加健康的感觉，减少焦虑和抑郁症状，并且帮助睡眠。

6. 疲劳

精疲力竭是一种习惯性的感觉，缺乏动力或能量，常常是由压力引起的失眠的结果。心理健康研究发现，近三分之一的英国人缺乏睡眠，最常见的是因为对职业和经济的担忧。

日常生活的压力和紧张让人觉得筋疲力尽。还有心理健康问题，如焦虑，会让你感到更累，即使在充分休息之后。这是知道你是否患有压力性疲劳的关键。

压力不仅使你无法获得适当的夜间睡眠，而且经常产生负面情绪，这两种情绪都会导致疲劳。重要的是确定你的压力来源，并采取措施来解决这些问题。

我们应该了解生理性和压力性疲劳之间的差异，知道是否应该去看医生。如果症状持续，请就诊进行检查，以排除任何潜在的健康状况或疾病。

7. 皮疹痒

皮肤是压力水平的"晴雨表"。美国心理学家和理疗学家伊丽莎白 – 隆巴尔多博士指出：压力会导致女性在腹部、手臂或脸上出现红点或荨麻疹。专家建议：深呼吸有助于瞬间减压。

8. 反胃

压力会导致女性胃部不适，反胃可能是担忧过度的"副产品"。美国压力与健康专家黛比 – 曼德尔建议：让温水流过手指，可有效缓解压力导致的反胃症状。

9. 肌肉僵硬

在突如其来的压力面前，女性往往会出现颈脖肌肉僵硬，这是女性最常见的一种身体反应。美国心理学家和理疗学家伊丽莎白 – 隆巴尔多博士建议：做 5~10 次深呼吸，同时轻轻转动脖子并轻揉肩膀都能缓解。

10. 龋齿痛

研究发现，压力可以导致女性龋齿痛发作。因为压力大会导致睡觉磨牙，甚至白天磨牙。健康专家建议：将焦虑转移到笔和纸上，然后再寻找解决办法。

五、职业女性的危机

1. 心灵的呼唤——心理危机

在快节奏的现代社会，职场的竞争越发激烈，工作紧张，随时可能离

职失业，又随时面临家庭和婚姻的困惑。因此，职业女性经常感到疲劳、吃力、头昏脑涨，导致焦虑、抑郁、心理疲劳、快节奏综合征等"心病"频频高发。

2. "战场"的疲惫——职业倦怠

竞争与超负荷工作量，使职场变成了"战场"，不少人对自己的工作感到非常厌倦。职业女性受家庭限制，即使能将事业作为自己最高追求，却难以对自己的兴趣、能力、薪资期望和职业发展等进行全面分析。

3. 可望而不可即——职场天花板

调查中，经理层中男性为57.9%，女性为42.1%，基本平衡；但在总经理的职位上，男性比例约为83.4%，女性仅为16.6%。当女性在职场中官至主管或经理，想着继续晋升时，常常就会遭遇女性职业发展的瓶颈，如同盒子里的跳蚤，四处碰壁。女性在职业选择和职务晋升上如同阻隔了一层玻璃天花板，看似前途一片光明，但是永远难以企及，可谓"可望而不可即"，这就是女性职场发展的"天花板"。

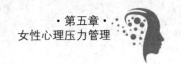

第二节　女性心理压力与生活方式

　　工作生活平衡又称工作家庭平衡计划，是指组织帮助员工认识和正确看待家庭同工作间的关系，调和职业和家庭的矛盾，缓解由于工作家庭关系失衡而给员工造成压力的计划。

一、平衡的生活方式

　　一般来说，单身成人的主要问题是寻找配偶和决定是否结婚组建家庭。婚后初期，适应两人生活、决定是否生育，做出家庭形式和财务要求的长期承诺变为当务之急。子女出生后，体验为人父母的经验，担负起抚养和教育子女的责任成为首要任务。子女成人时他们不仅要适应空巢生活，而且又要开始为自己的父母提供衣食和财务上的照顾。这些需要形成的压力，有的会影响员工的工作情绪和精力分配，有的则形成强烈的职业方面的需要和工作动机，最终影响员工对工作的参与程度。

　　制订有效的工作家庭平衡计划的主要措施：向员工提供家庭问题和压力排解的咨询服务，创造参观或联谊等机会促进家庭和工作的相互理解和认识，将部分福利扩展到员工家庭范围以分担员工家庭压力，把家庭因素列入考虑晋升或工作转换的制约条件中，以及设计适应家庭需要的弹性工作制以供选择等。

二、生活中的女性角色

俗话说，一个好女人，造富三代人。简单而言就是：一方面，女人性格好的话可以成为老公背后的帮手，可以成就老公，男人毕竟也有局限的地方，偶尔给老公提供自己的想法也是有帮助的，即使没有提供太多帮助，至少也不要帮倒忙；另一方面，对孩子的教育也会更有见地的想法，如果女的智商高些，也会遗传给后代。

对于女人而言，家庭是核心，女人大都承担着"相夫教子"的重任。每个人在生活中都会扮演不同的角色，为此，会在某些时候收获心累。然而，做人又不能太过自私，付出的过程就是痛并快乐着，这才是真实的生活。

那么，一个女人要在生活中扮演什么样的角色，才能给丈夫带来帮助呢？

1. 做个好妻子

女性应该保持自己特有的天性，学会以大女人的姿态，享受小女人的幸福。做一个小女人，不是要妻子卑躬屈膝，在丈夫面前唯唯诺诺，像个奴隶一样言听计从。而是指妻子应具有较为细腻的感情，体贴细心、文静妩媚，而不是柔弱，不是依附于人。

俗话说，男女搭配，干活不累。女人要独立，要为丈夫分担压力，而不要过于依赖。每个人在婚姻中都想得到幸福与喜悦，男人也是如此，所以一个女人能够扮演好妻子的角色，把家庭打理得井井有条，在养儿育女方面为丈夫分担压力，在收拾家务上尽可能地做到力所能及，那么丈夫就有更多的精力投入工作。

好的婚姻，要求夫妻之间彼此成长，互相帮助。除此之外，夫妻之间要绝对忠诚和绝对信任，不要被所谓的婚外情和猜疑充斥。为此，聪明的女人绝不会在婚后选择背叛。给丈夫一个安定的家，才能使得男人更加努力。

2. 做个好母亲

成为一个母亲，可能对于女性来说是最艰难和最新奇的一课。一个家庭，有了孩子，才能堪称完整。如果说夫妻是生活的食材，那么，孩子就是作料中最不可或缺的食盐。女人在家庭中的作用有多大呢？一个孩子的成才，大部分取决于母亲的正面引导。

但是，在绝大多数时候，成为母亲是一件需要独自承担的事情。在这个过程中，大多数女性会感受到缺乏社会支持，尤其是来自伴侣的支持，并且即便是在得到伴侣帮助的情况下，她们也往往会感到孤独。母亲不是万能的，母亲和儿女的关系也不是我们日常所描述的那样单一，作为一个母亲，也会有种种正面和负面的情感。

换言之，母亲在养儿育女方面投入了更多精力，所以做一个好母亲很难，但是当女人为此而努力的时候，男人也会感受到家庭的温馨、孩子的茁壮成长，于是，男人也会更加努力，事业上也会更加顺心。

3. 做个好儿媳

婚姻是两个大家庭的事情，俗话说，家和万事兴。没有好的家庭关系，就没有好的夫妻关系。婚姻是复杂的，其中包含夫妻关系、亲子关系、婆媳关系等。而在中国，婆媳关系一直是存在很多问题的。

婆婆那代人经历过苦日子，为此，会提倡省吃俭用的生活习惯，而儿媳基本都是在温室中长大的，为此，在花销上相对铺张浪费。鉴于此，婆婆难免会对儿媳有所抱怨，甚至会在孩子问题上和儿媳产生些许不同的看法。

要想做个好儿媳，就一定要设身处地地为对方着想，只有处理好婆媳关系，才能让丈夫更省心、更舒心。如果婆媳关系紧张，男人势必会夹在

中间两头受气，所以好女人一定会处理好婆媳关系，给大家庭制造温馨的气氛，给丈夫带来好运。

三、女性的依赖与独立

近些年，随着女性独立的呼声高涨、女权主义的盛行，确实很多女性的地位得到了显著"提高"。其实明白人都知道，当今中国女性的地位是比较高的，而很多鼓吹女权的人其实自己都没搞清楚，到底什么是真正的独立。而一些不明所以的女性，甚至也有一部分吃瓜男性，在和别人的交往中，都觉得一个人就应该绝对独立，不要依赖任何人。

这样也就出现了另外一个趋势：越来越多的人，尤其是女性，更加独立。她们独立、自律，往往能做到万事不求人，始终保持争强好胜的姿态。但是当你真正走近她们的时候就会发现，其实她们非常疲惫，而且她们这种不敢依赖别人的感觉一直存在，我们无法深入了解她们，也不能和她们建立深度的关系。

出现这些行为的原因主要与以下几点有关。

1. 缺乏依赖别人的能力，这种独立是一种假性的独立

在生活中，我们会看到一些女性，她们往往形单影只，一个人独来独往。当然近些年也有些呼声认为，那些不合群的人都是一些很厉害的人。确实，这些人是很优秀，并且可能也是工作狂。当然这里面不乏有些女性，她们身后空无一人，缺少深度的支持和关系，唯有不断地工作，才能寻找到自己的存在和价值。也因为缺乏他人的支持，她们在遇到问题时，更容易产生焦虑和抑郁，在日常生活中也会经常感到紧绷不安。而这也会影响一个人的生活质量。她们看似很独立，但是其内心是很不快乐的，并且人际关系也未必很好，更重要的是她们有着脆弱的自尊感。

2. 不敢去依赖别人，觉得别人都是不能依赖的

这种情况往往和自己的成长经历有关。可能在有些人的幼年时期，父母对她的爱有所缺失，长此以往就养成了独立的习惯；还有一些人可能是跟自己的恋爱经历有关，可能谈过几段恋爱，都是对方出轨，在这种情况下，她就会觉得男人或者女人都是不可靠的，不值得去依赖，长此以往也就造成了过分独立的情况。

3.觉得依赖别人是一种羞耻，不敢提出自己的需求

真正独立的人都知道，在向他人索取的同时也能够给对方提供价值。两个人在一起互相依赖，能够达成一加一大于二的合作模式，所以自己对对方提出需求是很正常的，这是一种取长补短的行为。当意识到自己拥有依赖的欲望的时候，就要去选择值得依赖的人，满足自己依赖的愿望，让自己成为一个更完整的、真实的个体。那些不敢爱也不敢恨的人，虽然会让自己觉得很有安全感，但是也会丧失很多做人的体验和乐趣。其实真正的安全感是来自自己，当我们能自我负责、自我承担，能直面恐惧并决定承担相应的后果时，我们可以安全地展开自己，并且依赖别人，去成全自己。其实，人是离不开社会环境的，真正好的状态就是要敢于去依赖别人，给别人带来价值的同时，也逐渐发现自己的不足，提升自己的能力。

四、职业女性如何面对工作与生活角色转换

当今时代，美丽与丑恶共生，诱惑与梦想同在。所有的女性，都在冰与火的历练中演绎着自己的人生，都在得与失的感悟中描绘着心灵的轨迹，都在乐与愁的品味中思考着命运的归宿。然而，作为职业女性，身兼多职，集女儿、妻子、母亲、社会劳动者等角色于一身。身份的多重性，要求职业女性必须适应角色的转换，从而为家庭和社会做出贡献。但是，在多重角色的更换过程中，职业妇女面临着诸多的压力和问题。

1. 双重角色的困惑

一方面，女性天生是和家庭"捆绑"在一起的，担负生儿育女、哺育幼子的职责，被附加了许多家庭角色要求，无形中女性压力就被层层叠加。另一方面，女性渴望成就自己的事业。"双重角色"带来"双重压力"：男人只要职务升迁，事业有成，就会被认为是一个成功者；而职业女性在兼顾工作和生活的同时，还要接受传统的"贤妻良母"家庭标准的考验。因此，社会对女性的"双重期待"构成了女性的"双重压力"，不公平的传统偏见和价值观念，使得职业女性长期处于双重角色的矛盾冲突之中。

职业女性有实现人生价值的愿望，但又害怕因此失去亲人的关爱和家庭幸福，因而在人生道路的选择上踌躇不决，找不到自己满意的定位，感到了困惑、迷惘，站在十字路口东张西望、左顾右盼，常常难以选择，不知取舍。双重角色带给职业女性的压力，已经成为"幸福木桶"的那块短板，大大影响着女性的身心健康和幸福生活。

2. 角色转换的调节

职业女性面对工作与生活的角色转换，必须做好五个自我调节措施：一是讲究方法，争取支持。学会科学、合理地安排时间，忙而不乱。要相信同事或丈夫，不必事事非得自己动手不可，而是发动他们共同把事情做好。二是及时宣泄不良情绪。当感到巨大心理压力和出现悲伤、愤怒、怨恨等情绪时，要勇于在亲人、友人面前倾诉，做到合理地宣泄，在他们的劝慰和开导下，不良情绪便会慢慢消失。三是全面安排，量力而行。以自己的精力、能力为限，把所有事情做一全面安排，分清轻重缓急，可以暂缓的事可放到以后去完成。同时，正确客观地评估自己，提出适宜的期望值。四是生活有序，忙中偷闲。要保持有规律的生活，有张有弛，劳逸结合，尽量避免一次做过多事情。尽量安排时间与家人同享天伦之乐，或游园，或走亲访友，彻底放松自己。五是注意饮食，合理调节。日常饮食要

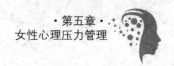

做到合理搭配，定时定量，勿过冷过热，忽饥忽饱。

总之，职业女性一定要以积极乐观的态度来面对人生。学会自我调节，学会适应多变的人生，学会自尊、自立、自信、自强，保持健全的身心状态，那么，一切烦恼都会随风而逝，生活中就会充满阳光，充满快乐。

第三节 女性心理压力自我管理

在现实生活中，各行各业的职业女性正在发挥着巨大的作用。与此同时，她们也往往承受着较男性更为沉重的心理压力，由此带来的各种心理疾病也越来越引起人们的广泛关注。造成职业女性心理压力的原因有主客观两方面，通过调整认知、找准压力源、放松情绪、减轻压力感、磨炼意志、增强抗压性等自我保健方法来缓解和调整心理压力，是减少心理疾病、保证身心健康的重要途径和方法。

一、职场女性最感恐惧的事

在古代，女子的命运大多依附在男人身上，而对于现代女性来说，婚姻不再是她们决定终身幸福的唯一选择。那么，作为一个现代女性，又有哪些是你最感恐惧的呢？让我们把一些现代女性共同的敌人"揪"出来！

1. 青春的尾巴抓不住

在这个崇尚青春的社会，让自己看起来更年轻，已成为每个女性不倦的追求。一份市场化调查表明，70% 以上的女性最担心的问题是"皱纹在不知不觉中爬上面庞"。她们减肥瘦身，美容养颜，健身美体，SPA 香熏水疗……所有这一切都是因为她们怕岁月留痕，怕就此失去魅力。

2. 恐婴一族

当性不再只具有传宗接代的意义，生不生？什么时候生？和谁生？这

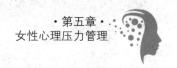

些问题都成了困扰现代女性的问题。

3. 永远到底有多远

"将爱情进行到底"是所有女人的心声，因此，女人都怕真心被辜负。然而，在这样的物质时代，爱情会被很多东西冲击、改写，遭遇"出轨"便是直接后果；除了同床异梦，女性还担心婚姻没有质量，没有快乐。

4. 独立的支点不能少

虽然时代赋予了女性独立发展的更多可能，可是女性依然怕失去自己独立的支点，怕没有一个公平竞争的游戏规则。一般的女性则怕失去事业，怕职业压力，怕年龄、生育对职业的影响，更怕 35 岁之后变成一个麻木的家庭主妇。

5. 寂寞的高跟鞋

朱德庸管她们叫"涩女郎"。"一个人怕孤独，两个人怕辜负"，这就是她们的两难心态。她们都有自己的生活和事业，她们不再依附于男人，她们把家的定义修改为："买一套房子，就等于有了一个家。"

6. 别让疾病来敲门

"吃什么别吃亏，有什么别有病。"虽然这世界变化太快，但是血脉亲情是永远不会断的，我们不愿意自己被疾病侵袭，也不愿看着亲人承受痛苦，更怕就此失去亲人；另一个角度，作为独生子女都要负担双亲，家人身体出状况其实一样是由我们来承担。

尽管有这么多令人困扰的问题，可是生活仍然要继续！好好发扬大无畏精神吧！

二、职场心理压力管理

1. 管住自己的嘴巴

由于大部分时间都是与同事相处，有时会觉得跟同事的关系特别亲

切，许多人会忍不住想同他们分享自己的私事，例如，孩子养育问题、个人健康问题，等等。但是，这在职场中是一件很危险的事情。有些人因为无意中透露的私事，导致公司管理层在做决策时（特别是在对需要委以重任的人选上）因考虑相应因素，而令自己错失了个人事业发展的大好机会。

此外，在工作中，很多时候领导都会说，"大家畅所欲言吧，公司会考虑每个员工的意见"，但千万不要落入这个陷阱。有些公司是不能"畅所欲言"的，尤其是当你对公司的政策、环境或制度说出了真实的想法，公司会认为你是影响公司氛围的个别派，认为你很危险，因而通过一些方法让你离开。

因此，身在职场，无论在何时何地，想要立足的话就要管好自己的嘴巴。

2. 敢于展示成绩与承认失误

许多公司都有业绩考核，而大的综合考核一般每年会有 1~2 次。业绩考核的结果影响到个人的奖金与晋升等。但是，许多员工发现业绩考核结果跟自己想象的不太一样。这是因为业绩考核中最重要的是上司对你的业绩评价。特别是那些没有实际测评标准的岗位，需要你平时向主管上司来展示工作成绩。因为它不同于做销售等工作，可以用销售数据显示你的业绩。

许多人只顾埋头苦干，平时不注意同领导沟通，也不懂得展示自己的业绩，结果一到年底考核就对结果不满，向上司提出意见。其实，最主要的还是要先从自己这里做出改变，跟上司做定期的沟通并对自己的业绩进行宣传，这样，才能给上司留下一个基本的评价印象及考核依据。

同时需要注意，不能为了工作考核，而去隐瞒工作的失误。因为在工作中，每个人都难免会出现一些失误。但是，如果你的失误涉及你的部门或你的上司，那千万不要隐瞒，因为很可能因为隐瞒自己的失误而带来更大的失误，到时后悔也于事无补。而如果你非常负责地处理你的失误，有时它不会让你难堪，同时从另一方面也让你的上司认为你很诚实并且有责任心。

3.不要同你的上司作对

人人都清楚"一朝天子一朝臣"，这个道理在职场中同样适用，而同领导的关系就显得更为微妙了。因为跟领导走得太近或太远都不行，而一旦站错了队，很可能产生意想不到的后果。而在公司里，对个人产生最直接影响的人非你的顶头上司莫属。一定要与之保持一个恰当距离的关系，最为重要的是，任何时候，都不要与你的顶头上司作对。也许你的上司没有你聪明、能干，你对他也并不服气。但是，既然他能成为你的上司，坐到那个位置上，就说明他必然有一些其他方面的能力，管理力或是领导力，而当你和上司两人产生冲突时，公司必然会同你的上司处于一个战线上。在职场中，跟自己的上司作对的人，最终结果都不会太好，请一定要记住这一点。

4.要明白努力工作与待遇并不相等

在职场上的人也许都听到过这句话："只要你努力工作，就会得到相应待遇。"但是，事实告诉我们，千万别相信这句话，在职场中，不是努力工作就会得到相应待遇。

在你新入职时，你的工资就是你的全部，而其他待遇都会跟着你的工资而浮动。即使公司有统一调薪标准，那也是按照你目前工资的一定比例来调整，而保险、公积金都与工资相联系，因此，如果你的基本工资很低，那么你以后的工资上涨空间也不会很大。

如果你还在想，只要我努力工作，做出业绩，公司会由于我的出色表

现而有所表示，坐等公司给你加薪，那就有些天真了。也有人害怕自己提要求以后老板有什么想法而一直不敢提出加薪。但如果你一直不提加薪，公司给你的可能就是一个平均值的薪水，并不是你心里所期望的。当然你想要求加薪，最首要的是弄清楚你的"价值"，还必须是站在公司的角度来看。只有在这一前提下，你才可以大胆地提出自己的加薪要求，而不用单单等待公司来给你加薪。

三、人际关系压力管理

压力和人际关系在两方面紧密相连。首先，在工作或家庭中，他人是最主要的压力来源。其次，压力会导致两种行为：逃避和攻击。你很容易生气，非常敏感，自我封闭，喜欢孤独。不管你是否天性喜欢独处，但终究和其他人一样，都是"社会动物"，也许正是这种对人际关系的需要让你左右为难。根据这种不适的表现形式，可找到不同的解决方案。

你觉得别人是敌人，你的不信任感是如此强烈，以至于在面对陌生人时总会觉得不舒服，你不怎么说话，或者仅仅是敷衍几句。问题在于，你过于压抑自己的情绪，使其像毒药一样消耗你。

学会信任别人。在你的身边肯定有某个你可以完全信赖的人，真诚地谈谈你的感受。这些谈话可以训练你更自如地在其他人面前表达自己的想法，并且帮助你更放松地与他人相处。

人际关系是人们在生产生活活动中建立的一种社会关系，是人与人之间通过动态相互作用形成的情感联系，是通过交往形成的心理关系。这种社会关系会对人们心理产生影响的原因有以下几点。

1. 认知因素

认知因素，首先是对自己的认知，对自己的自我评价与人际交往中的自我表现；其次是对他人的认知。交往的过程是双方彼此满足需要的过

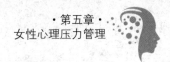

程，如果只考虑自己的满足而忽视对方的需要，就会引起交往障碍。

2. 情绪因素

在人际交往中的情绪表现应是适时适度的，应当与引起情绪的原因及情境相称，并随客观情况的变化而变化。情绪反应过分强烈，不分场合和对象，恣意纵情会给人轻浮不实的感觉；若情绪变化激烈则会让人觉得过于感情用事，做事不用脑，草率；情绪反应过于冷漠，对喜怒哀乐之事无动于衷，则会被认为麻木、冷酷、无情。这些不良的情绪反应都影响着人际交往。

与职场相关的人际交往，大致有平级同事之间、上下级之间、职场与生活之间这几种类型。在以上不同情境中，每个人分饰不同的角色，展现出不同的交往规则。这种复杂性正是职场人际交往成为负担的重要原因。不过，职场并非独立的社会单元，有什么样的社会文化，就有什么样的职场人际关系。职场人际交往成为"麻烦事"，与社会文化的大背景有着对应联系。比如对职场人际交往等级森严、尊卑有序的抱怨，一般都出现在日本、韩国、中国这些有相同文化背景底色的国家。它与这些社会所盛行的等级观念、面子观念息息相关。

健康的职场人际关系，会成为工作的润滑剂，不至于消耗人过多的精力；而畸形的人际关系，则只能造成负担和扭曲。如果说巨大的工作量所造成的"掏空"，还只表现在对体力和时间的占有上，那么，要小心翼翼处理无处不在的人际关系，则构成了一种精神上的"掏空"。当前媒体时有报道，沉重的"份子钱"成了不少职场新人难以摆脱的烦恼。这种烦恼带来的金钱压力或许只是其一，更重要的是明明不认同这种职场规则，却只能勉为其难。此一细节也反映出，随着年轻人观念的变迁，传统模式下的职场人际关系，正在遭遇更大的冲突。

四、缓解压力的方法

1. 善于整体规划

一切尽在掌握的感觉本身就能很好地缓解压力。有选择地而不是被动地接受所面临的各种事情，或许使人感到轻松很多。最好的办法就是根据事情的轻重缓急列出清单，既能有一个整体规划，又能将看似无头绪的一堆问题分解成若干具体的小事，一件件应付起来就容易多了。完成一件，就在清单上画去一件，这样做带来的成就感足以鼓舞你将这一做法保持下去。

2. 困惑时及早倾诉

在感到困惑、棘手或难过的时候，总会毫不掩饰地寻求朋友的帮助。当事情变得非常困难或身陷焦虑的时候，向朋友吐露诉说，仅仅是倾诉本身，也能使人获得释放，或许还会得到好的建议。

3. 尽量保持乐观

要深信事情总能朝着所期望的方向发展。所以，总是以最乐观的心情想象最好的结果。需要做的所有事都已经在进展当中，即使遇到麻烦，也一定会以最快的速度重新调整状态。

4. 从不耽搁迟延

能在当时办完的事不要拖到数个小时之后，因为拖延本身就能造成巨大的心理压力。

5. 经常幻想美好前景

用渡过这次难关以后的美好前景来鼓励自己。"一个月以后，我还会为这事而懊悔吗？" "一周以后，我还会为错过了这次会议而自责吗？" "5分钟以后，我还会为刚才同事给我难堪而恼火吗？"这种将情景推向将来的假设，一定能让眼前的压力逐渐释放。

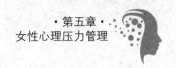

6. 知道适时说"不"

感到力所不能及时,坚定地说"不"。"我很想帮你,但我手头还有另外的事要办。"在分身乏术或无能为力时,"无压"人士不会一味逞能。在拒绝别人的时候,不一定要把原因解释得一清二楚。

7. 拥有自己的娱乐方式

安排时间尽情去做和工作无关而又一直想做的事。娱乐方式各种各样,但效果却非常相似:让自己释放压力,领略到生活中美好的、值得享受的内容,从而恢复对生活和工作的激情和热爱。

五、职业女性的身心平衡操

学习如何调控情绪、应对压力成了每个职业女性的必修课。以下7个建议愿你能在快乐的心境中一路飞奔、追逐梦想。

1. 拒绝追求极致完美

不要强求每个角色都能一百分,要知道,同时做个好妻子、好母亲、举世无双的好厨娘、职场上的女强人是不可能的!世上没有完美的人或事,当你在工作中投入很多精力的时候,你一定没有时间更好地照顾丈夫和孩子。所以还是那个老问题,我们必须学会选择,抓住重点就是成功。

2. 记得享受家庭时光

周末是不是必须加班?还是前几日工作偷懒,留下边边角角需要打扫?记得要提高工作效率,给家人保留一些私人时间。

3. 适时宠爱自己

一次畅快的长假、一张女子俱乐部的养心卡、一件心仪已久的钻饰都是宠爱自己的行动。而且最关键的是,你要让自己知道你值得被如此宠爱。

4. 尝试心理成长小组

可能你刚刚离婚，或者是单亲妈妈，不妨参加一些心理机构开办的心理成长小组。跟与你有相似经历的人在一起互相倾诉，一起面对困难，会减轻你独自承受压力的孤独情绪。

5. 让自己成为志愿者

除了渴望被爱，我们每个人都有施爱的需求，尝试参加志愿小组活动，当你帮助那些处在困境中的陌生人，毫无功利地做了一件对他人有益的事后，你会发现其实你也同时帮助了自己。所以千万不要吝惜你的爱心，有时付出就是一种有效的自疗。

6. 与工作无关的学习计划

挑选一项与职业晋升完全无关的技艺，比如报个芭蕾健身班，或者跟孩子一起学钢琴，都是对紧张生活的一个调剂。而且，参与与工作无关的社交活动也是结交更多新朋友的好机会。

7. 建立自己的"情感后备军"

遭遇变故或是情绪不佳的时候，除了向心理医生倾诉，还可以向信任的朋友申请情感支援。多与朋友和家人联络，保持良好的人际关系是健康生活的标志之一。

第六章

女性消费心理分析

女性消费心理是指女性消费者在购买商品和消费时具有的一种心理状态。俗话说，"女人心，海底针"，这句话极其恰当地概括了女性消费心理的复杂性。虽然，因经济收入、职业、文化教育水平和年龄性格的不同，女性消费表现出各自不同的心理特性，但总的来说，女性消费的一般心理特点还是十分鲜明的。由于女性的性别特征、多重角色和经济地位，她们表现出了与男性不同的消费心理。

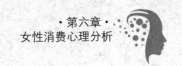

第一节　研究女性消费心理的意义

　　由于在家庭中同时担任女儿、妻子、母亲、主妇等多种角色，她们不仅为自己购买所需商品，也是大多数儿童用品、老人用品、家庭用品的主要购买者。因此，相关产品的生产厂家都清楚，虽然女性不是企业产品的使用者，却是产品的实际购买者，或者是对购买行为有决策权的重要人物。

　　女性对日常用品有绝对的购买决定权，对于买房、家庭装修、私家车的购买也具有很大的建议权，女性做决策的家庭也不在少数。商家只要打动了女性消费者的心，就占据了较大的市场份额。

一、女性消费者群体

　　女性消费者数量庞大，占整个社会总体消费的绝大多数。据统计，女性消费者占全国总人口的 48.7%，对消费活动影响较大的中青年妇女，即年龄在 20 ~ 55 岁的占人口总数的 21%。女性消费者群体数量庞大，是大多数购买行为的主体。如果将实际购买者和购买决策者的数量统计出来，这个比率将会更高。

　　她们既要工作，又要做家务劳动，所以迫切希望减轻家务劳动量，缩短家务劳动时间，能更好地娱乐和休息。为此，她们对日常消费品和主副食的方便性有更强烈的要求。新的便利性消费品会诱使女性消费者首先尝

试，富于创造性的事物更使女性消费者充满热情，以此显示自己独特的个性。

二、女性消费者的影响力

女性通常具有较强的表达能力、感染能力和传播能力，善于通过说服、劝告、传话等对周围其他消费者产生影响。女性消费者会把自己购买产品的使用感受和接受的满意的服务经历当作自己炫耀的资本，利用一切机会向其他人宣讲，以证明自己有眼光或精明。反过来，女性购物决策也较易受到其他消费者使用经历的影响。

这个特点决定女性是口碑的传播者和接受者，一些产品通过女性的口碑传播可以起到一般广告所达不到的效果。但成也口碑，败也口碑，只有过硬的质量才能维持女性消费者的忠诚度。据国外调查表明，通常在对产品和服务不满意的顾客中只有4%会直接对公司讲，在96%不抱怨的顾客中有25%有严重问题；4%抱怨的顾客比96%不抱怨的顾客更可能继续购买；如果问题得到解决，那些抱怨的顾客将有60%会继续购买，如果尽快解决售后，这一比率将上升到95%；不满意的顾客将把他们的经历告诉给10～20人；抱怨被解决的顾客会向5个人讲他/她的经历。其中会把自己的抱怨反映给产品或服务提供者的大多数是女性消费者，因此女性顾客的反馈和口碑非常重要，商家一定要讨得女士的欢心才能赢得市场化的青睐。

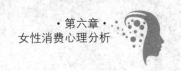

第二节　女性消费动机分析

　　女性消费情绪动机。女性情感细腻，决策带有较强的情绪性，易受环境影响，有不稳定和冲动性的特点。与平时心境不同的消费行为即情绪化消费，有大约 68% 白领消费者偶尔出现，8% 白领阶层消费者经常极端情绪消费。在她们看来，"反正心情不好，就买吧，那样心情会好很多"。在大城市这样高速转动、转型的环境，象牙塔内的她们绝大部分把购物消费当成一种缓解压力、平衡情绪、宣泄郁闷的方法，就如同男人借酒消愁一样，社会应公平视之。

　　追求美感的购买动机。消费者对商品美学价值和艺术欣赏的要求较高时，会产生此类动机。他们重视商品外观造型、色彩和品位。

　　追求成就的购买动机。具有强烈成就动机的人，在其实现目标的过程中，更乐于承担风险。他们在成就动机的驱使下，对周围事物的评价趋向于使用个人的认定标准。

　　追求名望的购买动机。这是因仰慕产品品牌或企业，希望炫耀和显名而产生的购买动机。由此可见，对唯美追求的白领们为消费情感心理主流。当你在公司里看到一大群在一起说 ×× 好时尚的时候，既不牵涉私有，又不牵涉功利，只是单纯分享美好事物，感受到大家对这种单纯事物的共同喜好，你也会不约而同地发现这世界真美好。

一、实用心理

这是以追求商品的实用价值为主要目的的消费心理，其核心是"实用"。一般的家庭消费多由女性操持，她们掌管家庭收支，负责安排全家衣食住行的开销。

女性消费者心思细腻，追求完美，购买的商品主要是日常用品和装饰品，如服装鞋帽等，因此购买商品时比男性更注重商品细节，通常会花费更多的时间在不同厂家的不同产品之间进行比较，更关心商品带来的具体利益。女性消费者会在同样的产品中比性能，同样的性能中比价格，同样的价格下比服务，甚至一些小的促销礼品和服务人员热情的态度都会影响女性消费者的购买决定。这就要求商家对产品的细节做到尽善尽美，避免显而易见的缺陷。

有些女性一方面会花上几百元买一套流行时装，而另一方面在菜场上买菜却讨价还价、斤斤计较，可见女性比较计较小数目的低档品，而对高档品却认为价高质好。附赠品正是迎合了女性的这种心理，比如，两个商店的营销策略不同，一家是低价，另一家是高价但有附赠品，很可能女性在没有时间或能力比较两家商品的质量时，认为高价的质量一定好，而有附赠品就更吸引了她们。附赠品还有一种名叫购买再购买的形式；购买某种商品的顾客，可以用低于市场价的价格购买其他附赠品。对喜爱挑剔的女性消费者而言，这样又可以再次选择她们想要的东西。

二、自尊心理

女性消费者具有较强的自我保护意识，对外在事物反应敏感形成了一种自尊、自重的心理，即某种程度的"我行我素"和"随心所欲"。她们往往以选择眼光、购买内容及购买标准来评价自己、评价别人，希望自己的购买最有价值、最明智，喜欢独立自主地选购商品，还希望别人仿效自己。她们不愿意让别人说自己不了解商品、不懂行、不会挑选，但即使作为旁观者也愿意发表意见，希望自己的意见被采纳。在购买活动中，营销人员的表情、语言、广告宣传及评论，都会影响女性消费者的自尊心，进而影响消费行为的实现。

三、冲动心理

冲动消费，指没有一定指向的盲目采购行为，多为非计划性的临时购买行为。施行冲动消费的人群中以女性占绝大多数。女性无论在个人消费还是家庭消费过程中都会表现出"冲动"和非理性，也就是说，女性购买欲望受直观感觉影响大，容易因商品品名、款式、价格、广告宣传、促销活动、环境因素、服务因素等产生购买行为。经常可以看到，她们在购买商品时，尽管是自己所喜欢的，如若无人问津或遇到态度恶劣的营业员，往往要打退堂鼓，从而放弃自己的购买意图。相反，即使是她们不甚喜欢或不很需要的商品，如"处理品"，如果有很多人争先恐后地购买，或遇到态度友好的营业员，往往会表现出极高的购买热情，产生冲动性的购买行为。有调查显示，高达 93.5% 的 18~35 岁的女性都有过各种各样的冲动消费行为，冲动消费的金额占到了女性消费总支出的 20% 之多。

四、攀比心理

女性在消费时，常常抱着一种释放心灵的心理，从某种程度而言，女性在购物时的攀比心理也是女性对物质征服欲的释放。对于女性而言，家庭生活是她们的重要组成部分，女人们经营着自己的小生活，她们热爱它。因而，她们担心别人超过自己的生活，她们像护着自己的孩子一般发出潜意识中的保护心理，因而，攀比就成了一个重要的手段。难怪当女人

们的攀比心理调动起来后，眼神中都会闪烁着强烈的自卫光芒。

基于女性消费的攀比心理，商家想要赚女性消费者的钞票，就得针对女性消费者的这种攀比心理，在具体的销售环节适时调动女性的攀比心理。例如，看到女性消费者犹豫不决时，可以说"这款商品很实惠，卖得很好"或者"这件商品适合有气质有品位的女性，您很适合"等这种能够恰当刺激女性消费者敏感的攀比心理的话语。不过，需要提醒的是，女性消费者自尊心也很强，在具体的交易中要看准时机，话语要恰当妥帖。

五、爱美心理

爱美之心，人皆有之，这在女性身上表现得更为明显，尤其是青年女性。莎士比亚曾说过："上帝创造女人一张脸，女人又给自己一张脸。"很多女性都希望自己是"与众不同"的那一个，而中老年女性也不甘示弱，她们也会定期美容，用靓丽的外表来掩饰岁月带来的沧桑。女性求美之心，胜过其他一切，这是女性最敏感之处，也是很多企业大打"女人牌"的重要因素。为了追求漂亮，她们可以扩大消费，把各种产品或服务逐一尝试，期望用钱留住青春，找回一个全新、靓丽又充满自信的自我。

女性购买商品时比较多地强调"美感"，容易受感情作用而产生购买行为，这与男性有很大的区别。越来越多的女性要求"自我表现"，要求"生活品位"。能够带来梦想的商品、杂志在女性中必定畅销。平时好动，工作起来干劲十足的年轻女性，喜欢购买"温馨""可爱"的商品。高谈女性自立的今天，在私人的世界里，女性仍然继续做孩子气的梦想。除了偶像商品、幻想商品之外，"可爱"的咖啡厅、杂货店、精品店也会受到女性的欢迎。

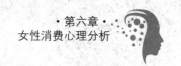

第三节 女性消费者个性化心理特征

在过去相当长的一个历史时期内，工商业都是将消费者作为单独个体进行服务的。在这一时期内，个性消费是主流。只是到了近代，工业化和标准化的生产方式才使消费者的个性被淹没于大量低成本、单一化的产品洪流之中。在短缺经济或近乎垄断的市场化中，消费者可以挑选的产品本来就很少，个性因此被压抑。但当消费品市场化发展到今天，多数产品无论在数量还是品种上都已极为丰富，现实条件已初步具备。消费者能够以个人心理愿望为基础挑选和购买商品或服务，他们不仅能做出选择，而且还渴望选择。他们的需求更多了，变化也更多了，逐渐开始制定自己的准则，他们不惧怕向商家提出挑战，这在过去是不可想象的。

一、职业女性消费心理

职业女性存在程度不同的成就心理，因此在消费的时候讲究品牌化。她们的消费不全是购买使用价值，而是求得心理和精神上的满足感，通过品牌消费实现精神需求。职业女性收入相对较高和自主，文化程度较高，消费心理带有事业的成功性。她们注重外在形象，重视社会评价，以购买品牌商品展示身份地位。

职业女性比较自信，消费行为也较为理性化。她们获取信息的渠道多，分析判断能力较强，消费会理性决断，不会人云亦云。消费自主意识强，不会受到外界因素的影响。当然，理性消费并非绝对的，她们的消费

也带有感情色彩，具有情绪性消费心理。

爱美之心，人皆有之，职业女性更是如此。职业女性会更注重外表形象，会理性理解时尚并与自己的消费行为相融合。职业女性不会盲目跟风，追求时尚更加个性化。她们更能接受时尚，敢于大胆尝试，舍得为自己的生活品位投资，内在美与外在美相统一。

职业女性忙碌于工作，尽可能压缩家务事，以便将更多精力和时间投入事业中，有更充裕的时间休养生息。所以，她们看重消费的便利性和简单直接性。

二、家庭主妇消费心理

在庞大的消费群体中，家庭主妇群体是一股不能忽视的力量，主要体现在：一是数量庞大，据相关数据统计，女性消费者占全国人口的48.7%，其中在消费活动中有较大影响的是中青年妇女，约占人口总数的21%；二是地位重要，随着现代家庭主妇在社会和家庭生活中的地位不断提高，她们往往成为家庭消费的决策者和执行者；三是影响力大，青年家庭主妇通常具有较强的表达能力、感染能力和传播能力，善于把自己的消费感受和经历传播给他人。青年家庭主妇群体不仅具有一般年轻女性的特征，还具有作为家庭角色独特的消费特征，具体包括追求时尚风格、消费行为感性化、自我保护意识强、要求实惠和方便、要求健康和安全、崇尚品牌与名牌等。

这些消费特征使青年家庭主妇的消费表现出一定的规律性特点：注重商品的外观、形象和情感因素；注重商品的便利性和实用性，希望所购买的产品既能满足家庭的需要，又具有物美价廉、经久耐用的特点；具有较强的自我意识和自尊心，强调个性化消费，希望得到别人的羡慕和尊重；热衷于网上购物等新型购买方式。

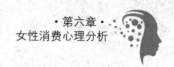
三、中年女性消费心理

中年女性消费者在购买活动中，起着特殊重要的作用，她们不仅对自己所需的消费品进行购买决策，而且在家庭中承担了母亲、女儿、妻子和主妇等多重角色，因此，也是绝大多数儿童用品、老年用品、男性用品和家庭用品的购买者。

选择商品的挑剔性。很多中年女性消费者视购物为自己的本分和专长，并以此为乐趣。由于所购买的商品种类繁多，选择性强，竞争激烈，加之女性特有的认真及细腻等特点，她们在购买商品时往往千挑百选，直到找不出什么"毛病"了才会下决心购买。

注重商品的实用性。由于中年女性消费者在家庭中的地位及从事家务劳动的经验体会，她们对商品的关注角度与男性有所不同。她们在购买日常生活用品时，更关注商品的实际效用和商品带来的具体利益。

关注商品的便利性。现代社会，中年女性的就业率很高，她们既要工作，又要承担家庭大部分家务劳动。因此，她们对日常生活用品的方便性具有强烈的要求，每一种新的、能减轻家务劳动强度、节省家务劳动时间的便利性消费品，都能博得她们的青睐。

消费行为的合理性。中年女性比较成熟的特点，决定了她们消费行为的合理性。她们当家理财，量入为出，除特殊情况外，一般绝不超计划消费。在购物时，她们常常按照自己的习惯和爱好行动，一般不拘泥于过去的传统，而是顺应潮流，但又不完全受潮流的支配。随着岁月的流逝，中年妇女更加注重个性风格的体现，成熟、稳重、不落俗套，其实反倒更引人注目。

就对时尚商品的追求来说，中年女性表现出以下三个方面的个性：第一，流行色彩。即对服饰、家具、鞋帽等商品，她们的消费需求倾向是赏

心悦目，追求与众不同。第二，新颖款式。对妇女专用品，要求造型新颖，别致大方。第三，合理搭配。她们不像青年女性那样追求时髦，超前消费，而是寻求一种整体效果，通过合理搭配，达到体现自我个性的目的。

选择商品的精确性。由于具备长期消费的丰富经验，中年女性在家庭购置重大物件时，都充当着影响者或决策者的角色，而且在购买过程中，严格遵循少花钱、多办事的原则，货比三家，耐心细致。她们一般都愿意上网购物，不仅是因为商品价格便宜，还因为它能使家庭主妇们一次性完成多种商品的采购，节省时间。

第七章

女性积极心理学

积极心理学是心理学领域的一场革命，也是人类社会发展史中的一个新里程碑，是一门从积极角度研究传统心理学的新兴科学。积极心理学作为一个研究领域的形成，以美国心理学家塞利格曼（Seligman）、匈牙利心理学家契克森米哈赖（Csikzentmihalyi）于 2000 年 1 月发表的论文《积极心理学导论》为标志。它采用科学的原则和方法来研究幸福，倡导心理学的积极取向，研究人类的积极心理品质，关注人类的健康幸福与和谐发展。

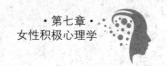

第一节　女性的知识与智慧

　　知识是人类对有限认识的理解与掌握。智慧是一种悟，是对无限和永恒的理解和推论。因此，博学家与智者是两种不同类型的人，智者掌握的知识不一定胜过博学家，但智者对世界的理解一定深刻得多。知识女性博学，而智慧女性不一定掌握了多少知识，而是在于其不一般的悟性和灵性。知识是有限的，而智慧则具有无限的创造性，具有卓越的判断力。知识是对已知事物的了解掌握，而智慧则是对未知事物的探索和感悟。有知识不一定有智慧，但有智慧一定有知识。知识必须转化为智慧，才能显示知识的真正价值。

一、创造力

　　当今，女性在社会发展中显现出卓越的创造力。

　　创造力指产生新思想、发现和创造新事物的能力，是成功地完成某种创造性活动所必需的心理品质，是知识、智力、能力及优良的个性品质等复杂多因素综合优化构成的。是否具有创造力是区分人才的重要标志。创造新概念、新理论、新技术，发明新设备、新方法，创作新作品都是创造力的表现。创造力是一系列连续的、复杂的、高水平的心理活动。真正的创造活动总是给社会产生有价值的成果，人类的文明史实质是创造力的实现结果。创造力既是一种能力，又是一种复杂的心理过程和新颖的产物。

　　女性创造力提升策略：

（1）逆向思维，用非传统的方式考虑问题和做事。

（2）大力倡导机灵、灵敏、足智多谋、举一反三、触类旁通。

（3）有独特见解，独辟蹊径，运用创新行动达成目标。

（4）不墨守成规，灵活运用知识和经验，找出新思路、新方法。

（5）乐于发明、创造、创新活动。

（6）激发求知欲，培养敏锐的观察力，有丰富的想象力特别是创造性想象，提升变革和发现新问题或新关系的能力。

（7）重视思维的流畅性、变通性和独创性。

（8）求异思维，求同思维。

二、好奇心

好奇心表现为对事物特别关注的情绪，喜欢探究不了解的事物的心理状态。心理学认为，好奇心是遇到新奇事物所产生的注意、操作、提问的心理倾向。好奇心是学习的内在动机之一，是学习知识的动力，是创造性人才的重要特征。好奇心对于创造、创新、发明等极端重要。牛顿对一个苹果产生好奇，于是发现了万有引力；瓦特对烧水壶上冒出的蒸汽也是十分好奇，最后改良了蒸汽机；爱因斯坦从小比较孤僻，喜欢玩罗盘，有很强的好奇心；伽利略也是看吊灯摇晃而好奇发现了单摆。几乎所有围绕着创造（包括创造力、创造性思维、创造技法、创造者的个性品质等）进行研究的学者都将好奇心作为创造的基本动力，也将好奇心（以及与此有关的特征，如喜欢复杂事物、容忍混乱等）作为创造者重要的个性品质特征。好奇心有健康和不健康之分。健康的好奇心能发现奇迹，而不健康的好奇心则会使人误入歧途。

好奇心养成策略：

（1）鼓励提各式各样的问题，不为提问设限。

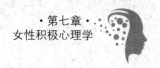

（2）不存偏见，开放性思维，激发兴趣。

（3）乐于接受新事物，保持感知事物的敏感性。

三、开放思想

开放的反义词是封闭，封闭说明有限制，从思想的角度来说，开放就是不再自我设限。听起来好像挺简单，嘴皮子上谁都可以这么说，但做起来难，一般人还真做不到。去泰国旅游时，会很奇怪一头大象怎么会被一根小小的柱子和一截细细的链子拴得住。那是因为在大象还是小象的时候，那些训象人就用一条铁链将它绑在水泥柱或钢柱上，小象无论怎么挣扎都无法挣脱。渐渐地，小象放弃了挣扎，习惯了不挣扎，直到长成了大象。此时它完全可以轻而易举地挣脱链子，但它却不再想挣扎了。人也是这样，从小到大，有形无形地受到太多这样或那样的"链子"限制，等到长大时，这些"链子"都已经深深陷入我们的思想中，每时每刻影响着我们的思想和行动，这就是自我设限。所以要真正做到思想开放，就得把这些"链子"找出来，不光是能意识到的，还包括没有意识到的。

具有开放思想的人喜欢用不同的方法解决问题。做出一个决定时，会考虑每个选择的好处和坏处。愿意听取别人的意见，做决定前喜欢征求别人的意见，做最后决定前会考虑所有的可能性。经常能想到令所有人都满意的解决问题的办法。

开放思想培养策略：

（1）多角度、多层次考虑问题，从各个角度检验问题，不草率下结论。

（2）善于依靠证据做决定，面对证据能够改变观点。

（3）慎重考虑每件事的所有因素，不轻易否定。

（4）锻炼逻辑思维能力，增强变通能力。

四、热爱学习

热爱学习的人在学到新东西时会很开心，没人要求学习的时候也会主动学，每当有机会学习新东西时都会积极参加，阅读或学习新东西时总是废寝忘食，想学习新东西时会尝试找出有关它的各种资料。

学习兴趣的培养策略：

（1）爱学校，爱上学。

（2）爱图书，爱阅读。

（3）喜欢参观博物馆类的地方和任何有学习机会的地方。

（4）向人学，向书本学，向万事万物学。

（5）兴趣是学习的最好老师。

五、视野和洞察力

视野指人眼固定地注视某一点或某一片区域时（或通过仪器）所能看见的空间范围，即通过眼睛所能看到的事物。同时，也指思想或知识的领域。具有洞察能力的人即使在困难的情况下，也可以做出正确的判断，知道什么事情是重要的，能提出较好的建议，善于找到解决问题的办法，很少做出错误选择。

洞察力培养策略：

（1）善于透过现象看本质，看清事实，讲通道理，找到意义。

（2）准确判断事物走向。

（3）看人准，善解人意。

（4）善于处理重要、复杂的事情。

（5）善于帮助别人分析和解决难题，为他人提供有智慧的忠告。

第二节　女性的勇气

　　勇气的关键在于一个"敢"字，就是敢说、敢干、敢作、敢为，面对一切挑战不胆怯，毫不畏惧。这样的心理品质对于弱女子而言的确有点难，但正因为难，才显得难能可贵，非同一般。

一、真诚

　　真就是不假，诚就是不虚伪、不虚情假意。人一旦失去别人的信任，那么将会寸步难行。真诚之人总是信守诺言，坦诚待人，不会坑人、骗人，不会说谎。只有真诚才能赢得人心，才能感动他人，才能获得别人信任。真诚的人做错事后，不会找借口推脱诿责，就算再尴尬难堪也会勇敢地承认错误。

　　努力做一个真诚的女人：

　　（1）真心实意，不虚情假意，不虚伪。

　　（2）真实坦荡，不掩饰想法。

　　（3）真挚诚实，不说谎骗人。

　　（4）诚恳正直，对自己的言行负责。

二、勇敢

　　当遭遇不公平对待的时候，会维护弱者的利益。只要是正确的事，即使不受欢迎，也有勇气去做。当有人欺负别人时，会告诉这个人这样做是

不对的。当看到有人被欺负时,即使感到害怕,也会伸出援手,去维护正义。只要做的事正确,就算有人取笑,仍会继续做。

勇敢培养策略:

(1)遇到挑战、威胁、挫折、痛苦,意志坚定,不退缩。

(2)面对困难,尽管感到害怕,但依然勇敢面对。

(3)遇到重大事件或面对病魔时,能镇定应对,乐观面对。

(4)即使存在反对意见,也会为正确的事情辩护。

(5)即使不被大多数人支持,也依然坚持自己的信念。

三、坚持

不改变,不动摇,有始有终,不改初心。坚持检验的是一个人的决心和意志力,证明一个人有没有毅力。即便任务再困难,也不会轻易放弃。即使不想做了,该完成的工作还是会坚持完成。做事尽力,即使失败也不放弃。一言九鼎,说话算数。有耐心,能坚持按照计划执行。女性的人生,关键在于选择,实现目标最快的脚步就是坚持,并锲而不舍。

坚持养成策略:

(1)有始有终,说到做到,完成已经着手的事。

(2)无论多么难以完成的任务,都会尽力准时完成。

(3)接受有挑战性的任务,有信心成功完成。

(4)勤奋,用功,有耐心,做事锲而不舍。

(5)做事不分心,有恒心。

四、热情

热情是对人对事的积极心态,主动且友好,不应付,无论做什么都会全身心投入。热情是一种力量,热情的人善于成事,容易与人亲近,善于与各种类型的人相处。热情的反义词是冷漠，冷漠的人干活无精打采，热情的人工作起来像只小老虎。冷漠的人待人爱理不理，热情的人主动关心，主动帮忙。

热情心态培养策略：

（1）乐观面对一切事物，做事带着富有感染力的激情。

（2）做任何事情都积极、主动、兴奋。

（3）精力充沛，全心全意，竭尽全力，不三心二意，不半途而废。

第三节　女性的仁慈与爱

温柔的女人是爱的化身，与爱和仁慈为伍，宽厚善良。把热诚献给朋友，把仁孝献给长者，把慈祥献给孩子，把爱恋献给丈夫。她们是良友，是孝女，是慈母，是贤妻。女性的仁慈和爱心与美丽并存。

一、友善

朋友不开心的时候，会聆听和安慰朋友。知道有人生病或遭遇困境时，会为他们担心。别人有困难时，会给予关心帮助。即使很忙，也不会停止帮助那些需要帮助的人。对人友善仁慈，即使别人不向自己求助也会助人。

友善养成策略：

（1）事事时时与人为善，常常为别人着想。

（2）有同情心，理解人，关心人，主动帮助人，并从中得到快乐。

（3）仁慈待人，宽宏大量。

二、爱

无论家人做错了什么，女人都会一如既往地爱他们。对那些伤害过自己的人，也保持善良的心态，希望他们过得好。会与朋友或家人分享自己的感受，经常对朋友和家人说爱他们。遇到困难时，身边会有人帮。

爱培养策略：

（1）珍惜与别人的亲密关系，特别是那些能够互相分享和关怀的关系。

（2）心怀善意，拥有爱别人和被别人爱的能力。

（3）接纳自己，喜欢别人，走近亲友。

三、社会智力

社会智力是指个体了解他人及与他人相处的能力，由美国心理学家桑代克提出，并将智力分为抽象智力、具体智力和社会智力三种，认为政府机关人员、销售人员应有较高的社会智力。社会智力与沟通能力存在一定的关系。

较高社会智力者在社交场合谈吐举止得体，知道应该说什么，知道怎样让别人感觉舒服，知道应该怎么做才能避免与人发生矛盾。善于结交朋友，不会有意无意惹恼别人。善解人意，不用询问也会洞察别人的心理需求。善于调节人际争执，善于做人的思想工作。

社会智力提升策略：

（1）了解自我，准确为自己定位，很好地融入社会。

（2）理解他人的心思，善于识别他人的情绪状态和变化。

（3）主动与人交往，多交朋友。

（4）与他人建立信任关系。

（5）要善于欣赏、赞美、激励人，培养社交技巧，有效协调人与人之间的关系。

第四节　正义

正义指人们按一定道德标准所应当做的事，指一种道德评价，即公正。"正义"一词最早见于《荀子》："不学问，无正义，以富利为隆，是俗人者也。"正义观念萌于原始人的平等观，形成于私有财产出现后的社会。不同社会阶级的人对正义有不同的解释：古希腊哲学家柏拉图认为，人们按自己的等级做应当做的事就是正义；基督教伦理学家则认为，肉体归顺于灵魂就是正义。大多数观点认为公平即是正义。简单来说，正义就是一视同仁。

一、公平

公平会让每个人都有平等的机会。即使不喜欢某人，也会公平地对待。认为每个人的意见都同样重要，虚心纳谏。对人一碗水端平，不划分三六九等。

公平培养策略：

（1）对人一视同仁，对事公正合理，不使偏见影响决定。

（2）给予所有人同样的机会。

（3）平等待人，公平分配和交易。

二、领导力

团队意见不一致的时候，有办法推动合作。擅长当领头人，善于组织

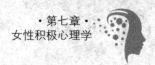

集体活动且确保成功。善于听取意见，让大家信赖和尊敬。尊重所有人，善于鼓动和激励他人，善于调配资源有效完成任务。

领导力培养策略：

（1）有宏观决策能力和筹划能力，善于从大局出发制定规划和目标。

（2）坚定信念，有雄心，有信心，有魄力，有毅力。

（3）善于调动他人的积极性和工作热情，能赢得别人的信赖和尊重。

（4）知人善任，善于协调人际关系。

三、团队精神

团队精神是大局意识、协作精神和服务精神的集中体现，核心是协同合作，反映的是个体利益和整体利益的统一，并进而保证组织的高效率运转。团队精神的形成并不要求团队成员牺牲自我，相反，挥洒个性、表现特长保证了成员共同完成任务目标，明确的协作意愿和协作方式便产生了真正的内心动力。团队精神是组织文化的一部分，良好的管理可以通过合适的组织形态将每个人安排至合适的岗位，充分发挥集体的潜能。如果没有正确的管理文化，没有良好的从业心态和奉献精神，就不会有团队精神。

团队精神能推动团队运作和发展。在团队精神的作用下，团队成员产生了互相关心、互相帮助的交互行为，显示出关心团队的主人翁责任感，并努力自觉地维护团队的集体荣誉，自觉地以团队的整体声誉为重来约束自己的行为，从而使团队精神成为公司自由而全面发展的动力。

团队精神培养团队成员之间的亲和力。一个具有团队精神的团队，能使每个团队成员显示高昂的士气，有利于激发成员工作的主动性，从而形成良好的集体意识和团结友爱的集体氛围，团队成员才会自愿地将自己的聪明才智贡献给团队，同时也使自己得到更全面的发展。

团队精神有利于提高组织整体效能。通过发扬团队精神，加强建设，能进一步增强凝聚力。如果总是把时间花在怎样界定责任，应该找谁处理，让客户、员工团团转，就会减少企业成员的亲和力，损伤企业的凝聚力。

团队精神培养策略：

（1）融入团队，有凝聚力，有归属感，为团队建设尽心竭力。

（2）忠于团队，维护团队利益，积极、主动、认真、负责地做好本职工作。

（3）在团队目标与自己的目标不同时，以团队目标为重。

（4）尊敬领导，顾全大局。

第五节　女性的修养与节制

　　女性的修养包含的内容很广，主要指理论修养、知识修养、艺术修养、思想修养、道德修养等。

　　节制就是自我控制、约束或监控我们的意志、情绪、理智和行为，即使与自己的意愿相反，仍选择做正当的事。苏格拉底说："节制是人生最大的美德。"节制是高贵的品格，许多失败就是因为不能节制才导致的。

一、宽容

　　宽容的要义是不计较，不追究。不但容人，也容得了自己。忍让不是怯懦，宽容不是卑贱。宽容是女性修养的重要项目，没有宽容心，就没有善良和爱。只有宽容的人才能集聚人气人心，这是为人处世的智慧。得饶人处且饶人，对于伤害过、欺负过自己的人，大度为怀，放过他们，原谅他们，给人以机会，也是对自己的放过。不苛责，不轻率批评，不抱怨，许多事情会好很多。当然，所谓的宽容确实存在一个绝对原则的问题。提倡宽容，绝对不是毫无原则的退让，而是在一定限度之内的不计较。

　　宽容养成策略：

　　（1）宽容那些犯错误的人，原谅别人的过失，给人重新来过的机会。

　　（2）宽恕那些得罪过自己或欺负过自己的人，不要有很重的报复心。

　　（3）宽宏大量，乐善好施，不存怨恨。

二、谦虚

始终虚心如一，从不骄傲自满。即使很擅长，也不炫耀。做了好事不张扬，做得很好不吹嘘。优势长处不显摆，人前不谈论自己。

谦虚养成策略：

（1）为人低调，不招摇，不寻求成为他人关注的焦点。

（2）做事低调，不张扬，不炫耀。

（3）不认为自己很特别，虚心向人请教。

三、审慎

无论做什么事，都经大脑思考，很细心。只有充分掌握了事实依据，才会做决定。做事前会考虑后果，做事后会回头总结。不会连续犯同样的错误，不会做可能会后悔的事。不轻率妄为，很注意自己的言行。

审慎养成策略：

（1）做事之前考虑周到，深思熟虑，研判利弊得失，有理有据做选择。

（2）做事过程中注重细节，认真细致，确保准确无误。

（3）不轻易冒险，不打无准备之仗。

四、自律

自律就是在没有人现场监督的情况下，自己要求自己，自觉遵循道德标准或规章制度等，自觉按照要求约束自己的言行。在没有外界约束的情况下，自己按为人处世的原则行事。即便再有钱，也不会乱花。想要某样东西的时候，不会不择手段，而是会审视和等待。愤怒的时候，不会失去理智，而是可以控制自己的情绪，理性看待和处理。严把话语的出口关，

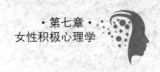

不胡乱说话。

自律养成策略：

（1）自觉控制自己的欲望和冲动，等待最恰当的时机。

（2）自觉规范自己的行为，遵纪守法。

（3）自觉控制、调节自己的情绪状态。

第六节　女性的心灵超越

不同于一般常规，谓之超越。物质的超越能实现更高质量的生活，心灵的超越能获得更高品质的人生。

一、审美

喜爱艺术、音乐、舞蹈和戏剧。看到美丽风景时，停下来欣赏一下。观看艺术作品或话剧时，感到津津有味。聆听悦耳音乐，关注美丽事物。

审美培养策略：

（1）善于在普通中发现美，乐于在平凡中欣赏美。

（2）热爱大自然，懂得欣赏不一样的美。

二、感恩

受人恩惠，知道感激，并以最恰当的方式予以回报。懂得感恩是最基本的处世原则，是生存的智慧，是做人的基本道德。生活中，抱怨少一些，感恩多一些。不要忘记曾经帮助过自己的人，一定要铭记别人的恩惠，感恩拥有，感恩亲人朋友。

感恩养成策略：

（1）习惯表达自己的感谢之情，感谢父母养育之恩，感谢老师教育之恩，感谢别人帮助之恩。只有表达出来，别人才能知道你是懂得感恩的人。

（2）感谢大自然，感恩一切。

（3）懂得感恩之人必乐于欣赏他人。

（4）打消理所当然的心理。

三、希望

心怀希望，生活美好。无论做什么事情，要有最终能够成功的期盼。不顺利的时候，点亮心中希望之光，相信一切都会好起来。无论多么困难的事，相信总会有办法解决。不管今天如何艰难，都要为明天而乐观。

希望培养策略：

（1）要有理想，为人要有大方向，做事要制定大目标。

（2）不颓废，有追求。知道自己要什么，并做好充分准备。

（3）对未来有信心，相信幸福掌握在自己手中。

（4）乐观，以积极心态看待现实。

四、幽默

幽默不是耍贫嘴，不是恶作剧，而是既有趣又有深意。幽默者豁达，幽默者善交际。幽默的人能引人发笑，予人以愉悦，不仅是能力，而且是一种品格修养。悦人悦己，让人开心，自己也收获好心情。

幽默培养策略：

（1）看到生活光明和轻松的一面，生活中总有喜乐之事。

（2）善用自嘲、滑稽、俏皮、笑话等方式逗笑，营造轻松愉悦的氛围。

（3）善于有分寸地开玩笑。

五、信仰

信仰即信赖和敬仰。信仰是人的价值观，是做人做事的依据，也是工作和生活的心理力量支撑。每个人都有自己信仰的东西，问题的关键并不在于是否有信仰，而在于信仰什么。信仰是形成信念的基础，有明确的信仰，才会衍生坚定的人生信念。信念是力量源泉，人不能没有信念。

信仰培养策略：

（1）有信念，有追求，寻找精神的寄托。

（2）有理想，目标可以塑造一个人的行为。

第八章

女性心理素质训练方法

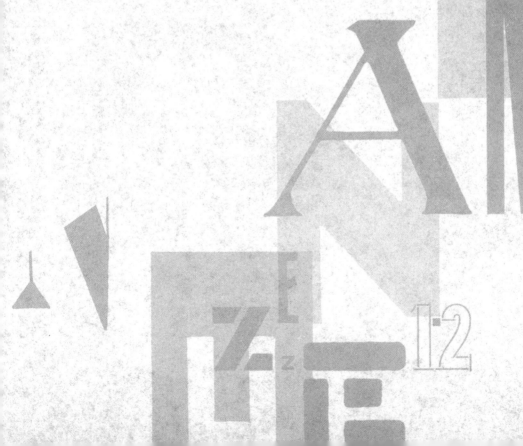

要想增强自身的心理素质，也可以通过一些办法进行训练，从而得到提高。这里，后天的开发和学习主要指通过特殊的训练，可以通过专业的培训机构，也可以通过自身不断的学习和阅历获得，从而增强自身的心理素质。

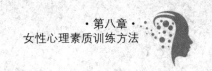

第一节　女性心理素质训练方法

潜意识是人自觉行为的心理活动。潜意识位于人的心灵深处，但却深深地影响和左右着人的意识活动，潜意识观念一旦形成就像计算机程序一样控制和影响着人们的行为。因此，潜意识观念，对人的心理和行为有着重大意义。然而，建立和修正潜意识观念，需要通过潜意识训练来完成。潜意识训练就是指运用生理放松、心理暗示与引导等方法，使人进入潜意识状态并加以良性心理暗示与想象调控训练。

一、潜意识训练准备

1. 训练姿势

保持心情舒畅，居室保持空气新鲜，饭前及饭后半小时内勿练习，姿势可平卧或端坐，面带微笑，眼睛微闭，嘴唇微微张开。平卧时，双腿自然分开，双脚与肩同宽，双手自然放在身体两侧，双手心向下。端坐时，下颌微合，保持脊柱垂直，身体重心自然垂落于两臂之间，双腿分开。双脚踏平，与肩同宽，双手自然垂落于双腿上，双手心向下。

2. 预备法

微闭双眼后，从整体上放松全身，把整个身体先全托付给床或者座椅，暂时隔断与外界的一切联系，把注意力指向腹部，进行深而慢的呼吸，吸气时体会腹部缓慢隆起，至吸气末时，屏气 2~3 秒钟，再缓缓从鼻孔呼气，同时体会腹部凹陷和全身放松的感受，如此循环 10 次。

二、潜意识状态训练

1. 四肢沉重感训练

将意念指向右手，然后默念："我的右手感到沉重，我的右手感到沉重……"同时体会右手的沉重感觉，持续 5 秒钟，如此反复 3 次。等右手有确定的沉重感后，以同样的方法，依次训练，左手—双手—右脚—左脚—双脚—四肢，每个部位均训练 3 次。

2. 四肢温热感训练

将意念指向右手，然后默念："我的右手感到温暖，越来越温暖，我的右手感到温暖，越来越温暖……"同时体会右手温暖和有些发热的感觉，持续 5 秒钟，如此反复 3 次。待右手确实有温暖的感觉之后，以同样的方法，依次训练，左手—双手—右脚—左脚—双脚—四肢，每个部位均训练 3 次。

将意念指向胸部，然后默念："我的呼吸轻松愉快，我的呼吸轻松愉快……"同时静静体会呼吸轻松愉快的感觉，持续 30 秒，如此默念体会并重复 3 次。

将意念指向心脏部位（胸部下中偏左下），默念："我的心脏在正常有力地跳动，我的心脏在正常有力地跳动……"同时静心体会心脏正常跳动的感觉，持续 30 秒钟，如此默念体会并重复 3 次。

意念指向腹部，体会腹部随着自然的呼吸上下起伏，然后默念："我的腹部感到温暖，越来越温暖，我的腹部感到温暖，越来越温暖……"同时静心体会腹部渐渐发热温暖的感觉，持续 30 秒钟，如此默念体会并重复 3 次。

3. 额头凉爽训练

将意念淡淡地指向额头（前脑门），然后反复默念："我的额头感到凉爽，我的额头感到凉爽……"同时静心体会额头凉爽的感觉，持续 30 秒，如此默念体会并重复 3 次。

三、自我良性暗示训练

待全身放松平静后，在心中自言自语地说：

我的呼吸轻松、心情愉快。

我的心跳平静而有规律。

我感到轻松，我很安详、舒服。

我正在享受美好的日子。

我对自己的成就和目标感到骄傲，我是一个积极行动的人。

我遵守自己的诺言。

我一定要实现自己的目标，也一定会实现自己的目标。

四、自我良性想象训练

在放松的状态下，愉快地想象自己在现实生活中积极向上，充满活力，不断取得成功。现在就请你想象一下。

（1）恢复清醒，在心中默念"我感到大脑轻松、身心愉快，我将渐渐结束自我潜意识训练，我将从 1 数到 10，渐渐地恢复清醒，当我数到 10 时，我将愉快地睁开眼睛，恢复清醒。我感到精神振奋，身心愉快。1，2，3……10"，好，请愉快地睁开眼睛。

（2）恢复常态，请做 3 次深呼吸，拍打全身，搓双手，擦大椎，手梳头，运目，搓耳，干洗脸，揉鼻，叩齿，咽津，提肛，旋腹，伸腰，面带微笑迎接新的生活。

第二节　女性克服恐惧心理训练法

　　绝大多数女性由于缺乏自信，因而特别在意别人对自己的评价，以致见人脸红便成了自己的心病。与人交往前便担心自己会脸红，交往时更是认真体验自己有无脸红，时间一长，就在大脑的相应区域形成了兴奋点，只要一进入与人交往的环境，就会出现脸上发热感和内心的焦虑不安，加上别人对此的议论或讥笑，更使自己紧张不安，惧怕见人，从而形成赤面恐怖症。那么克服这种恐惧心理有哪些训练方法呢？

一、要对脸红采取顺其自然的态度

　　允许它出现和存在，不去抗拒、抑制或掩饰它，不为有脸红而焦虑和苦恼，从而消除对脸红的紧张和担心，打断由此而造成的恶性循环。

二、要进行自信心方面的训练

　　人前容易脸红的人，多数对自己缺乏自信，有自卑感，因而需要改变用自己的短处与别人的长处相比的思维方式，反过来经常想想自己有哪些长处或优势，以自己的长处去比别人的短处，从而逐渐改变对自己的看法。专家称：在改变对自己的看法的同时，再将注意力转移到自己感兴趣，也最能体现自己才能的活动中去，先寻找一件比较容易也很有把握完成的事情去做，一举成功后便会有一份喜悦，做完后再用同样的方法确定下一个目标。这样，每成功一次，便强化一次自信心，逐渐地自信心就会

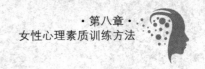

越来越强。

手指有长有短，人也不可能十全十美，人的价值主要体现在通过自身的努力尽可能地发挥自己的潜能。把缺点、失败等看成一种常事，当成完善自己的动力，对别人的评价和议论做到"有则改之，无则加勉"，不为人言所左右或无所适从。

人会自卑，是因为他通过比较和自省，发现自己确有不如人处。而处事成功，也需要一定的知识和能力。所以，一个人要想最终克服自卑心理，就必须在建立自信的同时正视自己的不足，通过多学、多干来充实知识，丰富经验，学会与人交往的方法与技巧。